過去7年間の道交法改正点

平成29年3月12日施行→P2へ！

◎「準中型免許」の新設！
◎「灯火のルール」の変更→原則としてハイビームに！
(「交通の方法に関する教則」の改正)

平成26年9月1日施行→P3へ！

◎環状交差点における車両等の交通方法の特例に関する規定の整備！

平成26年6月1日施行

◎一定の病気（統合失調症、認知症およびてんかんなど）を原因とする事故を防ぐため、免許を受けようとする者などに対し、「質問票」の提出に関する規定の整備！

平成24年4月1日施行→P4へ！

◎「青色の灯火の矢印信号」の意味の一部変更！

平成24年3月21日施行（「交通の方法に関する教則」の改正）→P4へ！

◎大地震の発生時、および地震災害に関する警戒宣言が出されたときの、車による避難の例外の規定！

平成23年2月1日施行

◎70歳以上の人が表示する「高齢者マーク」のデザイン変更！

平成22年12月17日施行

◎普通自動二輪車のうち、「小型二輪車」の基準の変更！

ここが
変わった！

「準中型免許」の新設

平成29年3月12日施行

1　準中型免許とは

従来の普通免許と中型免許の間の免許で、18 歳以上であれば保有免許がなくても受けることができます。

2　準中型自動車の基準

車両総重量 3.5 トン以上 7.5 トン未満か最大積載量 2 トン以上 4.5 トン未満で、乗車定員 10 人以下の自動車です。

	普通自動車（普通免許）	準中型自動車（準中型免許）	中型自動車（中型免許）	大型自動車（大型免許）
車両総重量	3.5t 未満	3.5t 以上 7.5t 未満	7.5t 以上 11t 未満	11t 以上
最大積載量	2t 未満	2t 以上 4.5t 未満	4.5t 以上 6.5t 未満	6.5t 以上
乗車定員		10人 以下	11人 以上 29人 以下	30人 以上

3　初心者マークの表示義務

- 普通免許などを所有していない人が準中型免許を取得して準中型自動車を運転するときは、1 年を経過するまで初心者マークを付けなければなりません。

例題

問1　車両総重量5トンの貨物自動車は、中型免許や大型免許を受けていなければ運転することができない。

→ ×　車両総重量 3.5 トン以上 7.5 トン未満の自動車は、準中型免許で運転できます。

問2　準中型免許は、普通免許を持っていなければ受けることができない。

→ ×　準中型免許は保有免許にかかわらず、受けることができます。

ここが
変わった！

環状交差点における車両等の交通方法の特例に関する規定の整備

平成26年9月1日施行

1　環状交差点とは

車両が通行する部分が環状（円形）の交差点であり、道路標識などにより車両が右回りに通行することが指定されているものをいいます。

2　新設された標識・標示

● 環状の交差点における右回り通行

環状の交差点であり、車が右回りに通行しなければならない。

● 環状交差点における左折等の方法

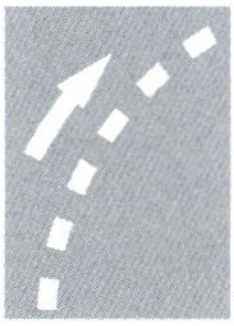

環状交差点で、車が直進、左折、右折、転回するときに、通行しなければならない部分を示す。

3　環状交差点の通行方法など

- 直進、左折、右折、転回しようとするときは、あらかじめできるだけ左端に寄り、環状交差点の側端に沿って徐行しながら通行しなければならない。
- 環状交差点に入ろうとするときは、徐行するとともに、環状交差点内を通行する車両等の進行を妨げてはいけません（合図は必要ない）。
- 環状交差点を出るときは、出ようとする地点の直前の出口の側方を通過したとき（環状交差点に入った直後の出口を出る場合は、その環状交差点に入ったとき）に合図をします。

例題

問1　環状交差点から出るときは合図をしなければならないが、環状交差点に入るときは合図をする必要はない。

➔ 環状交差点では、出るときだけ合図を行えばよく、入るときは合図の必要はありません。

ここが
変わった！

「青色の灯火の矢印信号」の意味の一部変更

平成24年4月1日施行

「青色の灯火の矢印信号」は、矢印の示す方向に進めるという意味しかありませんでしたが、右向きの青色矢印の場合、右折に加え、転回もできるようになりました。ただし、青色の右向き矢印では、二段階右折の原動機付自転車と軽車両は、右折も転回もできません。

右折と転回可

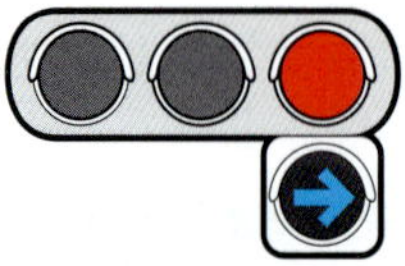

青色の右向き矢印では、二段階右折の原動機付自転車と軽車両は進めない。

ここが
変わった！

「交通の方法に
関する教則」の改正

大地震発生時など、車による避難の例外の規定

平成24年3月21日施行

車を運転中に大地震が発生したときや、地震災害に関する警戒宣言が出されたとき、車で避難すると混乱を招くため、避けなければなりませんでしたが、東日本大震災の教訓から、津波から避難するためやむを得ない場合は例外とされました。

大地震発生

↓

やむを得ない場合を除き、車で避難しない。

例題

問1 青色の灯火の右向き矢印信号に対面した原動機付自転車は、すべての交差点で右折や転回をしてはならない。

→ ×　原動機付自転車でも、小回り右折しなければならない交差点では、右折や転回をすることができます。

問2 車を運転中、地震災害に関する警戒宣言が発せられたときは、やむを得ない場合を除き、車を使って避難するべきではない。

→ ○　車で避難すると混乱を招くので、津波から避難するためやむを得ない場合を除き、車での避難は避けます。

超カンタン!
原付免許1回で取れちゃう

本番直前!

まちがえやすいのは
こんなところだ!!

準備万全!

自動車教習研究会・編

CONTEN

1 交通ルール

TS~もくじ

実力テスト 2

合格するためのポイント

わかる問題から解いていく！

わからない問題で悩んでいると、時間切れになってしまうことになります。わからない問題、迷うような問題は後まわしにして、わかる問題から解いていきましょう。

問題は最後までよく読む！

文章の最初のほうだけで正誤を判断しないこと。最後までじっくり読んで、その設問の正誤を考えましょう。

数字類の問題にはとくに注意する！

数字を問われる問題（たとえば、最高速度や駐車場所の範囲など）は、その数字を覚えておかなければ正解できません。しっかり勉強しておきましょう。また、「以上・以下」「未満・超える」など、言葉の意味にも気をつけましょう。「以上・以下」はその数字を含むこと、「未満・超える」はその数字を含まないことを確認しておきましょう。

時間があればもう一度見直す！

自分では完ぺきだと思っていても、思わぬミスをしている場合があります。受験番号は間違えていないか、同じ問題の2か所にマークしていないか、枠の中に正確にマークしているかなど、時間があれば何回でも見直しましょう。

イラスト問題はイラストをよく見る！

イラスト問題は配点が2点なので、間違えると合否に大きくかかわります。イラストの隅々までよく見て、解答していきましょう。

1 交通ルール

1 交通用語

試験に出る重要問題―交通用語編

❶二輪車のエンジンを止めて押して歩く場合であっても、歩道を通行してはならない。

❷右図の路側帯《ろそくたい》内は、歩行者・軽車両《けいしゃりょう》ともに通行することができる。

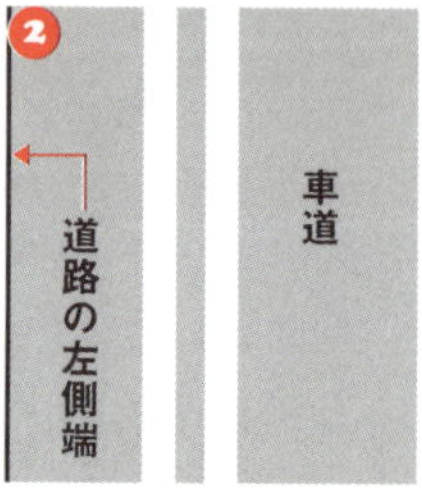

❸原動機付自転車《げんどうきつきじてんしゃ》は、自動車に含まれる。

❹ミニカーはエンジンの総排気量が50cc以下の車なので、原動機付自転車に含まれる。

❺こう配《ばい》の急な坂とは、こう配率がおおむね10%以上の坂をいう。

解答とポイント解説

❶**誤**　二輪車のエンジンを止めて押して歩く場合は、「歩行者」として扱われます（側車付きのもの、けん引《いん》しているものを除く）。「エンジンを止める」というところがポイントです。

❷**誤**　白線2本は「歩行者用路側帯」ですので、自転車などの軽車両は通行できません。路側帯には、「白線１本」「白線2本」「白線１本＋破線（駐停車禁止路側帯）」の3種類があります。

❸**誤**　原動機付自転車や軽車両は車（車両）に含まれます。自動車になるのは、大型自動車・中型自動車・普通自動車・大型特殊自動車・自動二輪車・小型特殊自動車です。

❹**誤**　ミニカーは総排気量が50cc以下、または定格出力0.6キロワット以下の原動機を有する車室のある三輪または四輪車で、普通自動車に含まれます。

❺**正**　こう配率10パーセントというのは、10メートルで１メートルの高低があることを意味します。

重要ポイント 1 「車（車両）」とは、自動車、原動《げんどう》機《き》付《つき》自《じ》転車《てんしゃ》、自転車などの軽車両《けいしゃりょう》のことをいい、路面電車は含まれない。

重要ポイント 2 原動機付自転車は、自動車には含まれない。自動車には、大型・普通・中型・大型特殊・大型二輪・普通二輪・小型特殊がある。

「車など」の区分

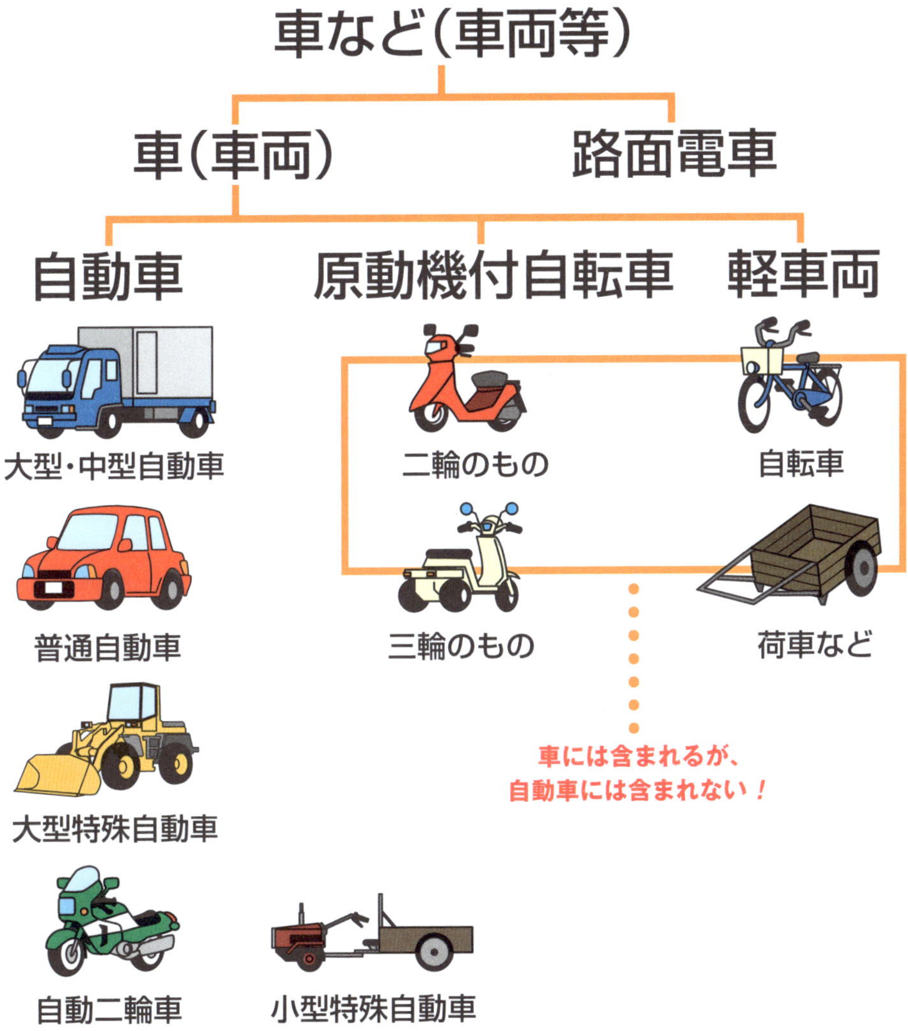

車など（車両等）
車（車両）
路面電車
自動車
原動機付自転車
軽車両
大型・中型自動車
普通自動車
大型特殊自動車
自動二輪車
小型特殊自動車
二輪のもの
三輪のもの
自転車
荷車など
車には含まれるが、
自動車には含まれない！

重要ポイント 3 「歩行者」とは、道路を歩いている人だけではない。次のような人も歩行者として扱われる。

歩行者になる人

道路を歩いている人

身障者用の車いす、うば車を押して通行している人

二輪車のエンジンを止めて押して歩いている人（側車付きのもの、他の車をけん引している場合を除く）

重要ポイント 4 「路《ろ》側帯《そくたい》」とは、歩道のない道路などで、歩行者の通行のためなどで、白線によって区分された道路の端の帯状の部分をいう。

路側帯は3種類

路側帯

歩行者と自転車などの軽車両が通行できる。幅が0.75メートルを超える場合は、中に入って駐停車できる

駐停車禁止路側帯

路側帯の中に入って駐停車できない。歩行者と軽車両は通行できる

歩行者用路側帯

歩行者だけが通行できる。軽車両の通行と駐停車はできない

重要ポイント5

「徐行《じょこう》」とは、すぐに止まれる速度で進行することをいい、その速度はおおむね10キロメートル毎時以下。

おおむね
10km/h以下

重要ポイント6

「優先道路」は、優先道路の標識がある道路や交差点の中まで中央線や車両通行帯境界線が引かれている道路をいう。

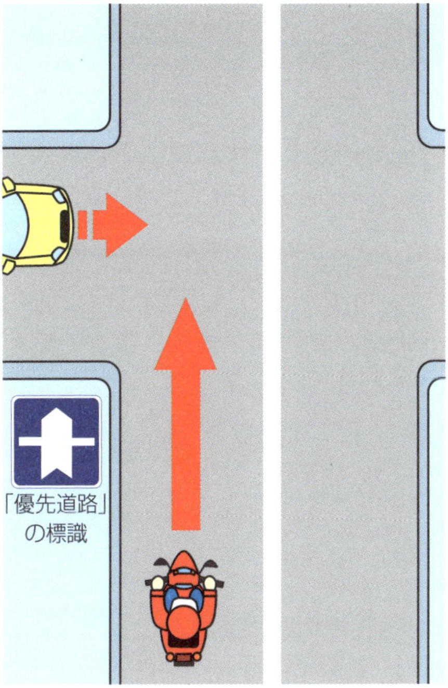

「優先道路」
の標識

重要ポイント7

「ミニカー」とは、総排気量50cc以下、または定格出力0.6キロワット以下の原動機を有する車室のある三輪または四輪車で、普通自動車に含まれる。原動機付自転車ではないことに注意。

50cc
以下

重要ポイント8

「こう配《ばい》の急な坂」とは、こう配率が10％以上の坂をいう。

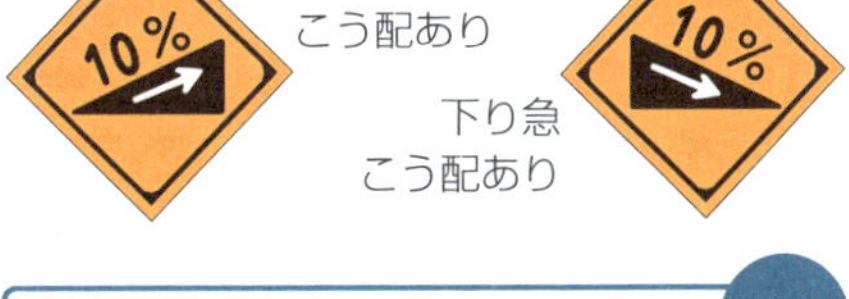

10%
上り急
こう配あり
10%
下り急
こう配あり

2 免許の種類

試験に出る重要問題―免許の種類編

❶原付免許を取得すれば、エンジンの総排気量90ccの二輪車を運転することができる。

❷運転免許は、第一種運転免許・第二種運転免許・原付免許の3種類に分けられる。

❸原動《げんどう》機《き》付《つき》自《じ》転車《てんしゃ》は、普通免許を持っていれば運転することができる。

❹原動機付自転車を運転できる免許証を携帯《けいたい》せずに原動機付自転車を運転すると、無免許運転になる。

❺普通免許を取得すれば、小型特殊自動車を運転することができる。

❻原付免許で運転できるのは、原動機付自転車だけである。

解答とポイント解説

❶**誤**　総排気量90ccの二輪車を運転するためには、自動二輪免許を取らなければなりません。原付免許で運転できるのは原動機付自転車だけです。

❷**誤**　運転免許は、第一種運転免許・第二種運転免許・仮《かり》運転免許（仮免許）の3種類に区分されています。

❸**正**　原動機付自転車は、原付免許のほか、大型・中型・普通・大型特殊・大型二輪・普通二輪免許で運転できます。

❹**誤**　無免許運転ではなく、「免許証不携帯」の違反になります。

❺**正**　普通免許で運転できるのは、普通自動車のほか、小型特殊自動車と原動機付自転車です。

❻**正**　原動機付自転車は小型特殊以外の免許で運転できますが、原付免許で運転できるのは原動機付自転車だけです。

重要ポイント1

運転免許には、第一種免許・第二種免許・仮《かり》免許の3種類がある。原動《げんどう》機《き》付《つき》自《じ》転車《てんしゃ》だけを運転できる原付免許は第一種免許になる。

運転免許の種類

第一種免許	第二種免許	仮免許

第一種免許	第二種免許	仮免許
原動機付自転車や自家用の自動車、営業用の貨物自動車などを運転するときに必要な免許	バスやタクシーなどを営業運転するときや、代行運転するときに必要な免許。タクシーの回送など、営業運転にならないときは、第一種免許で運転できる	道路上で大型・中型・普通自動車の運転練習をするときなどに必要な免許

重要ポイント2

原動機付自転車は、総排気量50cc以下の（四輪車は20cc以下）原動機を備えて走る二輪車や三輪車のことをいう。

スクータータイプ

オートバイタイプ

スリーター（三輪）
タイプ

重要ポイント 3 乗車定員30人以上のもの、または最大積載量6,500キログラム以上のものは大型自動車になる。自動二輪車は、50ccを超え400cc以下が普通自動二輪車、400ccを超えるものが大型自動二輪車になる。

自動車などの種類

種　類	乗車定員・積載重量など
大型自動車	大型特殊・自動二輪・小型特殊以外の自動車で次の条件のもの。乗車定員30人以上、最大積載量6,500キログラム以上、車両総重量11,000キログラム以上  
中型自動車	大型・大型特殊・自動二輪・小型特殊以外の自動車で次の条件のもの。乗車定員11人以上29人以下、最大積載量3,000キログラム以上6,500キログラム未満、車両総重量5,000キログラム以上11,000キログラム未満 
普通自動車	大型・中型・大型特殊・自動二輪・小型特殊以外の自動車で次の条件のもの。乗車定員10人以下、最大積載量3,000キログラム未満、車両総重量5,000キログラム未満 
大型特殊自動車	エンジンの総排気量が1,500ccを超える特殊な構造のもの 
大型自動二輪車	エンジンの総排気量が400ccを超える二輪の自動車 
普通自動二輪車	エンジンの総排気量が50ccを超え、400cc以下の二輪の自動車 
小型特殊自動車	農耕用作業車などの特殊な構造のもので、最高速度が15キロメートル毎時以下のもの 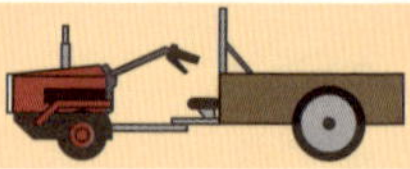
原動機付自転車	エンジンの総排気量が50cc以下のもの（スリーターを含む）、または総排気量が20cc以下の三輪以上のもの  
けん引自動車	引っぱる車と引っぱられる車それぞれに、けん引するための構造と装置のある車 

重要ポイント4 原動機付自転車は、原付免許以外に、小型特殊・けん引《いん》・仮免許を除いた運転免許を受ければ運転することができる。

免許の種類と運転できる車

運転できる車＼免許の種類	大型自動車	中型自動車	普通自動車	大型特殊自動車	大型自動二輪車	普通自動二輪車	小型特殊自動車	原動機付自転車
大型免許	●	●	●				●	●
中型免許		●	●				●	●
普通免許			●				●	●
大型特殊免許				●			●	●
大型二輪免許					●	●	●	●
普通二輪免許						●	●	●
小型特殊免許							●	
原付免許								●

重要ポイント5 道路で自動車や原動機付自転車を運転するときは、その車を運転できる免許証を携帯《けいたい》しなければならない。それに違反すると、「免許証不携帯」になる（無免許運転ではない）。

3 信号

試験に出る重要問題―信号編

❶交差点で交通巡視員《じゅんしいん》が手信号をしているとき、その手信号と信号機の表示する信号が違っている場合は、交通巡視員の手信号に従って進行する。

❷対面する信号機の信号が右図の灯火を表示しているとき、自動車と路面電車は、矢印に従って左折することができる。

❸対面する信号機の信号が右図の灯火を表示しているとき、自動車や原動《げんどう》機《き》付《つき》自《じ》転車《てんしゃ》は矢印に従って右折することができる。

❹交差点で警察官が腕を横に水平に上げている場合、その腕に平行する自動車は、直進《ちょくしん》することはできても、右折や左折をすることはできない。

❷

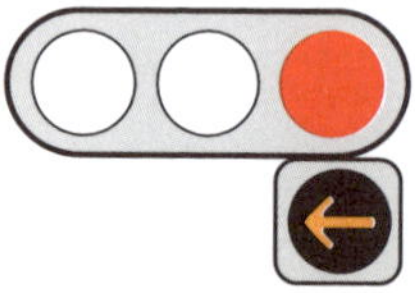

❸

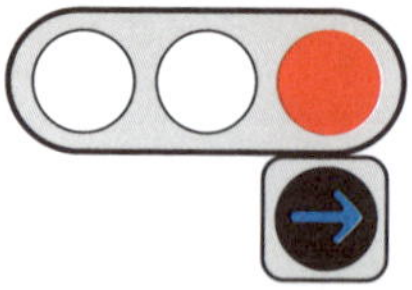

解答とポイント解説

❶**正**　警察官や交通巡視員の手信号・灯火信号と信号機の信号が異なっている場合は、警察官などの手信号・灯火信号に従います。

❷**誤**　黄色の灯火の矢印は路面電車に対する信号です。車や歩行者は進行することができません。

❸**誤**　二段階の右折方法により右折する原動機付自転車は、右折することができません。二段階右折しなければならないのは、信号機などにより交通整理が行われている交差点で二段階右折の標識のある道路や車両通行帯が3以上ある道路（右折小回りの標識のある場合は除く）で右折する場合です。

❹**誤**　警察官が水平に上げた腕に平行する交通は青信号と同じ意味になりますので、自動車は直進・右折・左折することができます。

重要ポイント 1 3車線以上の道路から青信号で右折する場合（右折小回りの標識のある場合は除く）や、二段階右折が指定されている道路で右折する原動《げんどう》機《き》付《つき》自《じ》転車《てんしゃ》は、二段階右折をしなければならない。

青色の灯火信号

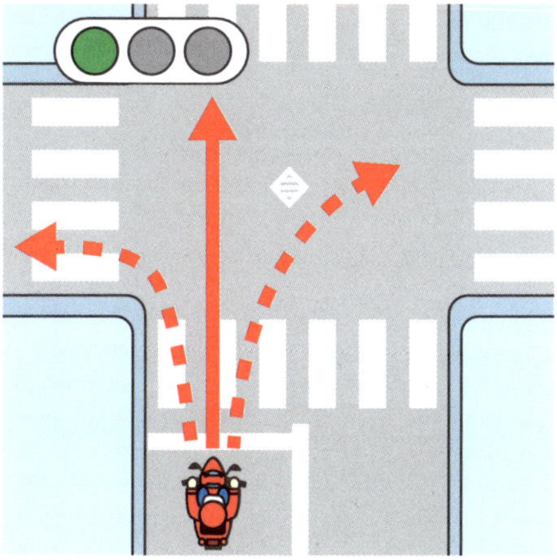

車などは、直進・左折・右折（二段階右折の原動機付自転車と軽車両は除く）をすることができる

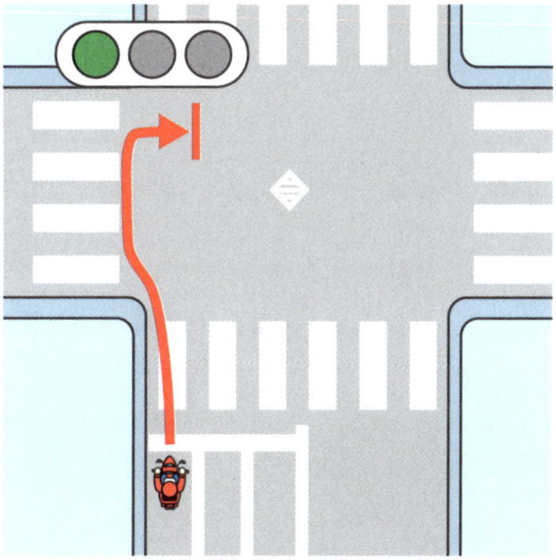

二段階の方法で右折する原動機付自転車と軽車両は、右折する地点まで直進し、その地点で右へ向きを変えることまでできる

原動機付自転車が二段階右折しなければならない場合

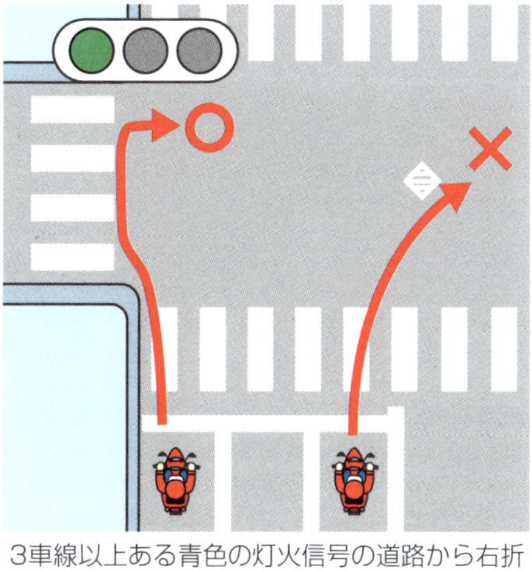

3車線以上ある青色の灯火信号の道路から右折する場合（右折小回りの標識のある場合は除く）

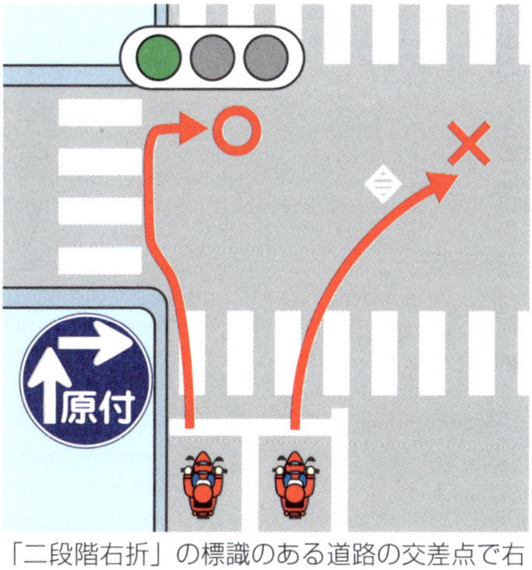

「二段階右折」の標識のある道路の交差点で右折する場合

重要ポイント 2 黄色の灯火信号で停止位置で安全に停止できないときは、例外として、そのまま進むことができる。

黄色の灯火信号

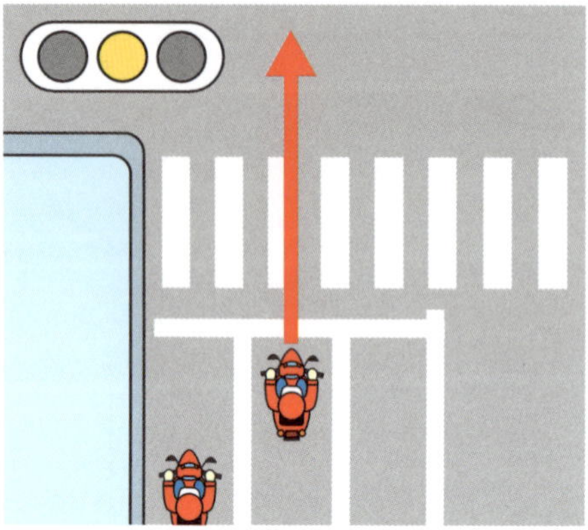

車などは、停止位置から先へ進んではいけない。ただし、停止位置で安全に停止できないときは、そのまま進むことができる

赤色の灯火信号

車などは、停止位置を越えて進んではいけない

重要ポイント 3 黄色の矢印信号は路面電車を対象にしたものなので、車は進行できない。

青色の矢印信号

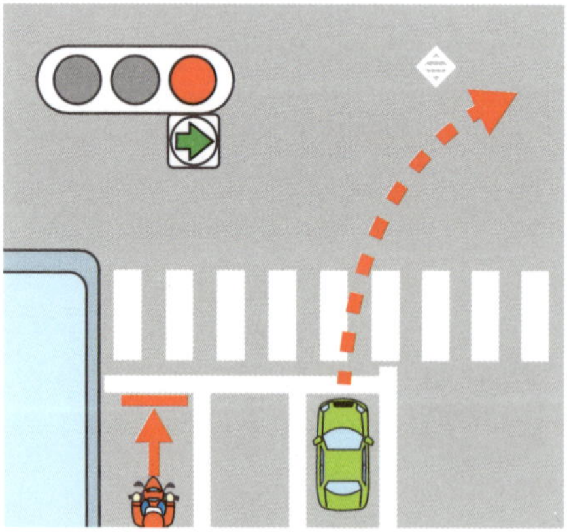

車は、黄・赤信号でも、矢印の方向へ進行できる。ただし、二段階右折の原動機付自転車と軽車両は右折できない

黄色の矢印信号

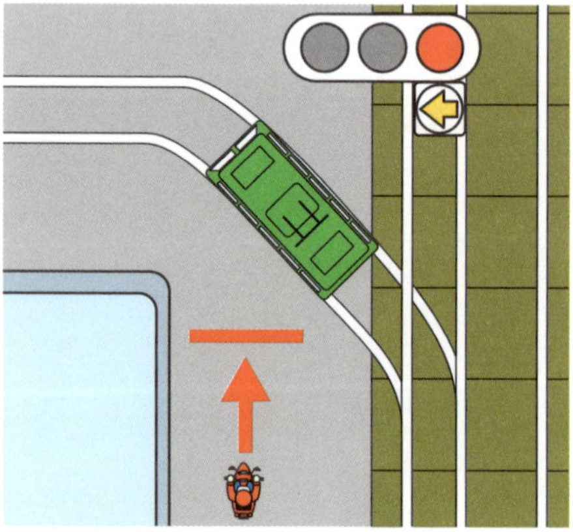

路面電車のみ、矢印の方向へ進行できる

重要ポイント4 赤色の点滅信号では、停止位置で一時停止し、安全を確認した後に進行することができる。

黄色の点滅信号

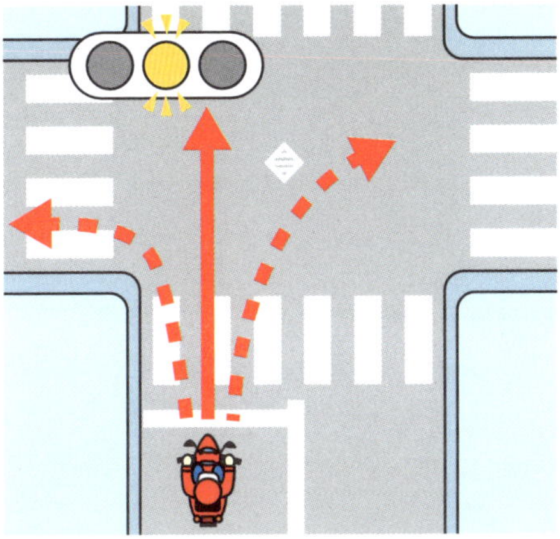

車などは、他の交通に注意して進行できる（一時停止や徐行の義務はない）

赤色の点滅信号

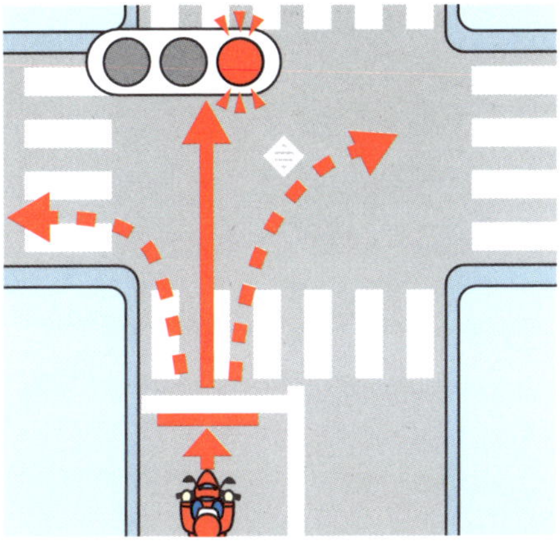

車などは、停止位置で一時停止し、安全を確認した後に進行できる

重要ポイント5 信号機の表示する信号と警察官や交通巡視員《じゅんしいん》の手信号・灯火信号が異なるときは、警察官などの示す信号が優先する。下図の場合は、警察官の腕に平行する交通が青信号となる（信号機の表示は赤色を示しているが）。

「左折可」の標示板があるとき

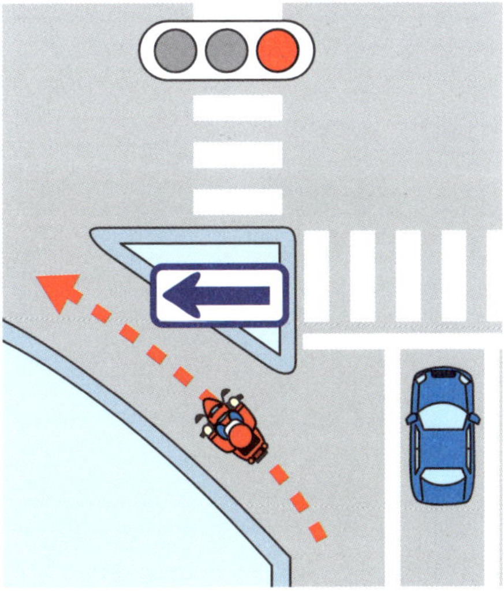

信号が赤や黄色であっても、他の交通に注意して左折することができる

重要ポイント 6

警察官などの体に対面する交通は、腕の位置にかかわらず、赤色の灯火信号と同じ意味である。

警察官や交通巡視員が腕を横に水平に上げているとき

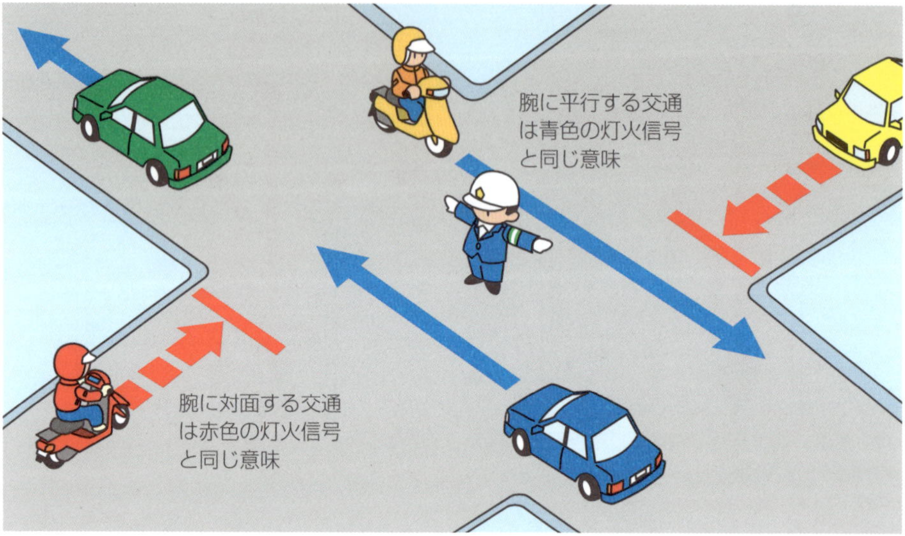
腕に平行する交通は青色の灯火信号と同じ意味
腕に対面する交通は赤色の灯火信号と同じ意味

警察官や交通巡視員が腕を頭上に上げているとき

体の正面に対面する交通は赤色の灯火信号と同じ意味
体の正面に平行する交通は黄色の灯火信号と同じ意味

重要ポイント 7 警察官などに対面する交通は、灯火を振る方向・灯火の位置にかかわらず、赤色の灯火信号と同じ意味である。

警察官や交通巡視員が灯火を横に振っているとき

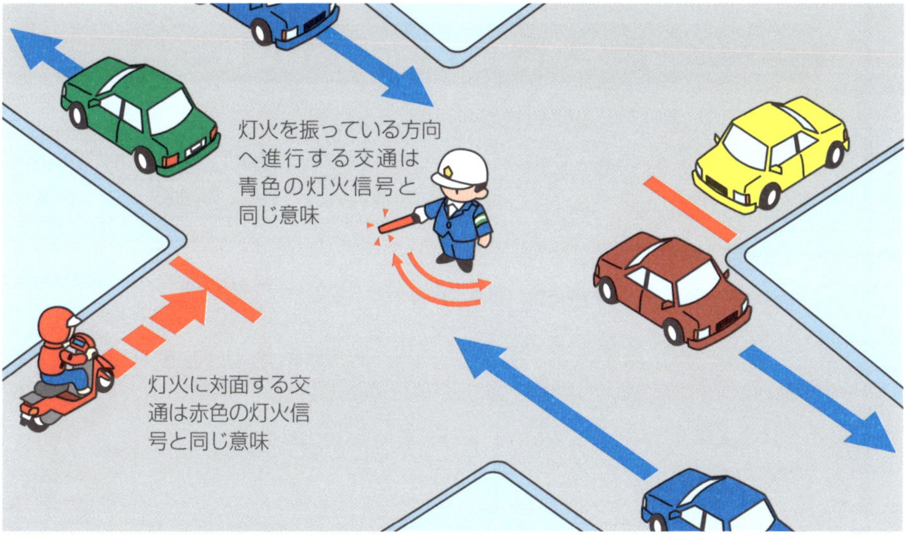

灯火を振っている方向へ進行する交通は青色の灯火信号と同じ意味
灯火に対面する交通は赤色の灯火信号と同じ意味

警察官や交通巡視員が灯火を頭上に上げているとき

灯火に対面する交通は赤色の灯火信号と同じ意味
灯火が振られていた方向へ進行する交通は黄色の灯火信号と同じ意味

4 標識

試験に出る重要問題―標識編

❶右図の標識のある道路では、対面する信号が赤色や黄色でも、左折することができる。

❷右図の標識のあるところでは、すべての追い越しが禁止されている。

❸右図の標識は、軽車両《けいしゃりょう》を含むすべての車と歩行者の通行を禁止する意味を表している。

❹右図の標識のある道路では、自動二輪車の通行は禁止されているが、原動《げんどう》機《き》付《つき》自《じ》転車《てんしゃ》は通行することができる。

❺右図の標識のある交差点では、原動機付自転車の右折が禁止されている。

❶

❷

❸

❹

❺

解答とポイント解説

❶**誤**　図の青地に白い矢印の標識は「一方通行」です。「左折可」の標示板は白地に青い矢印です。似ているので間違えないようにしましょう。

❷**正**　「追越し禁止」の補助標識のあるときは、すべての追い越しが禁止されています。補助標識のないときは、道路の右側にはみ出しての追い越しを禁止しています。

❸**誤**　図の標識は「車両通行止め」です。自動車、原動機付自転車、軽車両は通行できませんが、歩行者は通行できます。

❹**誤**　図の標識は、「二輪の自動車・原動機付自転車通行止め」を表していますので、原動機付自転車も通行できません。

❺**誤**　図の標識は、「原動機付自転車の右折方法（小回り）」を表しています。つまり、原動機付自転車の二段階右折を禁止しています。

重要ポイント1　標識には、規制・指示・警戒《けいかい》・案内・補助の5種類がある。標識の意味を正しく覚えておくこと。

通行止め［規制］

POINT
歩行者を含め、すべての通行が禁止されている

車両通行止め［規制］

POINT
自動車や原動機付自転車はもちろん、自転車などの軽車両も通行できない。しかし、歩行者は通行できる

二輪の自動車・原動機付自転車通行止め［規制］

POINT
自動二輪車だけでなく、原動機付自転車も通行できない

車両横断禁止［規制］

POINT
左折を伴う左横断は禁止されていない

追越しのための右側部分はみ出し通行禁止［規制］

POINT
すべての追い越しが禁止されているわけではない（その場合は、「追越し禁止」の補助標識がつく）

重量制限［規制］

POINT
荷物の重量だけでなく、荷物を含めた総重量の制限であることに注意する

優先道路［指示］

POINT
この標識のある道路が優先道路という意味を表す

警笛区間［規制］

POINT
この標識のある区間内の指定された場所で警音器を鳴らさなければならない（指定場所は49ページを参照）

歩行者専用［規制］

POINT
歩行者だけが通行できる（原動機付自転車や自転車などの軽車両も通行できない）。許可を受けた車は通行できるが、徐行しなければならない

安全地帯［指示］

POINT
路面電車の停留所などに併設される。あまり見かけない標識なので、意味を覚えておくこと

左折可［標示板］

POINT

前方の信号が赤色や黄色でも、安全を確認して左折できる。「一方通行」と似ているので間違えないこと

終わり［補助］

POINT

どちらも本標識の示す交通規制の終わりを表す補助標識

学校、幼稚園、保育所などあり［警戒］

POINT

「横断歩道」と意味を間違えやすいので注意する

転回禁止［規制］

POINT

転回が禁止されているのであって、右側への横断は禁止されていない

車両の種類［補助］

POINT

大貨…大型乗用自動車以外の大型自動車

大貨等…大型貨物自動車、中型貨物自動車（車両総重量8,000キログラム未満、または最大積載量5,000キログラム未満を除く）、および大型特殊自動車

大型バス…乗車定員が30人以上の大型乗用自動車

自動車専用［規制］

POINT

高速自動車国道と自動車専用道路を示すもので、原動機付自転車と125cc以下の普通自動二輪車は通行できない

道路工事中［警戒］

POINT

前方の道路で工事をしているという意味だが、通行止めとは限らない

最高速度［規制］

POINT

「50」と表示されていても、原動機付自転車の最高速度はあくまでも30キロメートル毎時

高さ制限［規制］

POINT

荷物を含めた高さ制限であることに注意。地上から荷物の上端までの高さが3.3メートルまでの車が通行できる

専用通行帯［規制］

POINT

この標識のある通行帯でも、原動機付自転車、小型特殊自動車、軽車両は通行できる

重要ポイント 2 色やデザインが似ているため間違えやすい標識には、とくに注意する。

間違えやすい標識・標示板

①

と

②

①通行止め

②駐停車禁止

③

と

④

③車両通行止め

④駐車禁止

⑤

と

⑥

⑤一方通行

⑥左折可（標示板）

⑦

と

⑧

⑦原動機付自転車の右折方法（二段階）

⑧原動機付自転車の右折方法（小回り）

⑨

と

⑩

⑨追越しのための右側部分はみ出し通行禁止

⑩追越し禁止

5 標示

試験に出る重要問題—標示編

❶右図の標示内は、通過することはできても、車を止めることはできない。

❷右図の標示は、原動《げんどう》機《き》付《つき》自《じ》転車《てんしゃ》のみ最高速度が20キロメートル毎時であることを表している。

❸右図の標示は「追越しのための右側部分はみ出し通行禁止」を表している。

❹右図の標示は、前方に優先道路があることを表している。

❺駐車禁止を表す標示は右図のAである。

❶

❷

❸

❹

❺
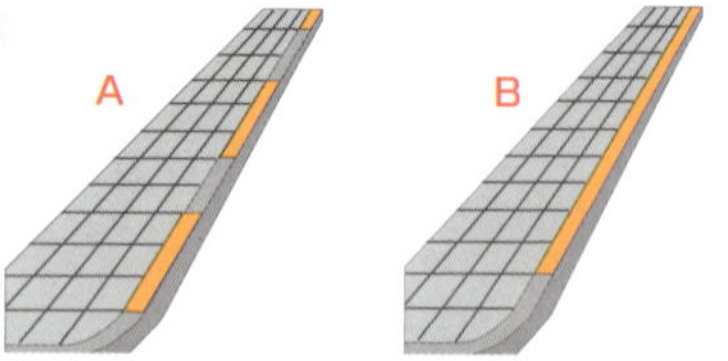

解答とポイント解説

❶**誤**　標示は、「立入り禁止部分」を表します。この部分は、通過することも車を止めることもできません。設問の内容は「停止禁止部分」を表します。

❷**誤**　すべての車の最高速度が20キロメートル毎時であることを表す規制標示です。原動機付自転車だけを対象としているのではありません。

❸**正**　黄色の線を越えて追い越すことを禁止しています。

❹**誤**　前方に横断歩道または自転車横断帯があることを表しています。

❺**正**　Aは「駐車禁止」、Bは「駐停車禁止」を表しています。

重要ポイント 1

「標示」とは、ペイントなどによって路面に示された線や記号、文字などのことをいい、規制・指示の2種類がある。

立入り禁止部分［規制］

POINT

この標示内には例外なく、立入ってはいけない

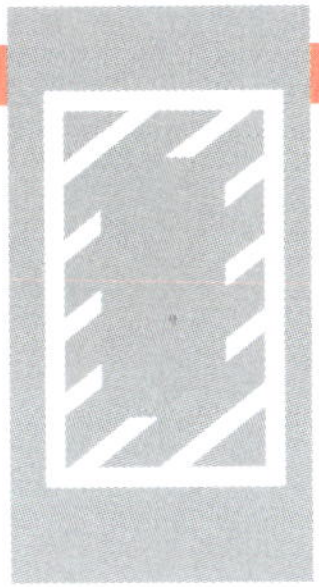

停止禁止部分［規制］

POINT

通過はできるが、この標示内には停止してはいけない

終わり［規制］

POINT

規制標示が示す交通規制の区間の終わりを表している。上は最高速度20キロメートル毎時区間の規制の終わり、下は転回禁止区間の終わりを表す

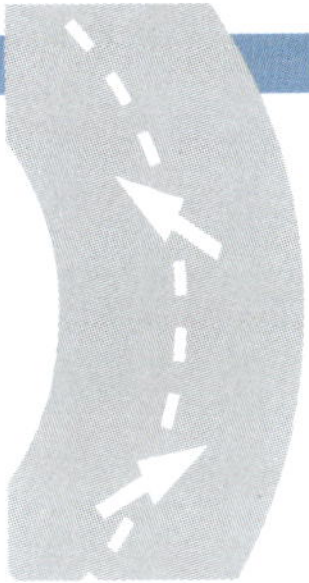

右側通行［指示］

POINT

車は右側部分にはみ出して通行できるが、はみ出し方は最小限にしなければならない

前方優先道路［指示］

POINT

この標示のある道路を通行する交通が優先道路ではないことに注意する

中央線［指示］

POINT

白の実線と白の破線との違いは、実線は片側が6メートル以上の道路、破線は片側が6メートル未満の道路であること。白の実線の道路では、その線を越えて、追い越しをすることができない

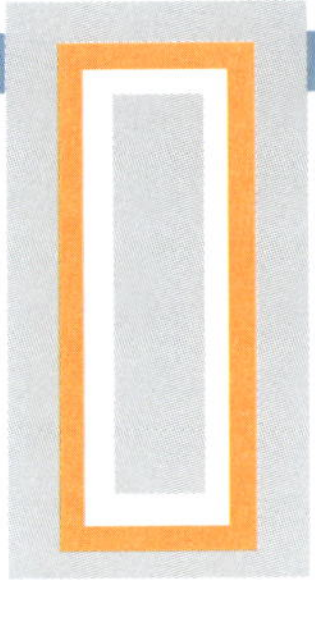

安全地帯［指示］

POINT

島状でない場合の安全地帯を表し、安全地帯の標識を併設している

駐停車禁止［規制］

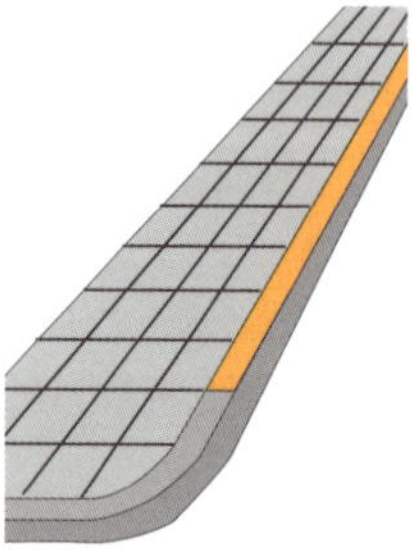

＝同じ意味

駐停車禁止の標識

駐車禁止［規制］

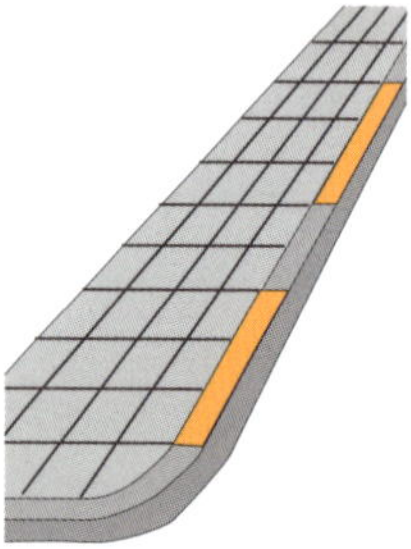

＝同じ意味

駐車禁止の標識

POINT

5分以内の荷物の積みおろしのための停止と、人の乗り降りのための停止（時間の制限なし）は、駐車ではなく停車になる

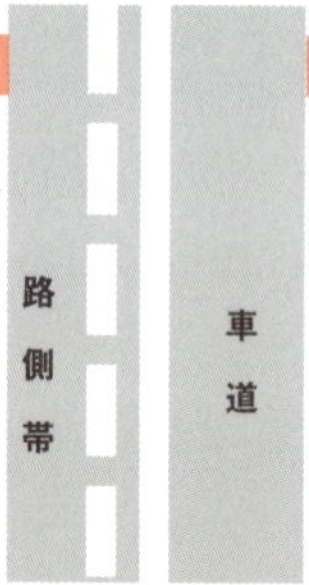

駐停車禁止路側帯［規制］

POINT

車の駐停車が禁止されている。自転車などの軽車両は通行できることを覚えておく

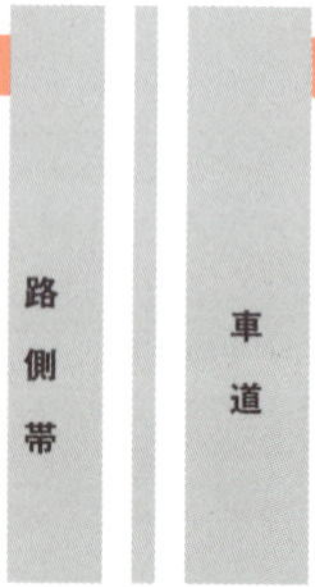

歩行者用路側帯［規制］

POINT

軽車両は通行できないことと、車の駐停車ができないことを覚えておく

普通自転車の交差点進入禁止［規制］

POINT

自転車は黄色の線を越えて交差点に進入してはいけない。なじみがないので覚えておこう

横断歩道または自転車横断帯あり［指示］

POINT

前方に横断歩道や自転車横断帯があることを表している

重要ポイント 2 標識と同様に、デザインが似ているため間違えやすい標示には、とくに注意する。

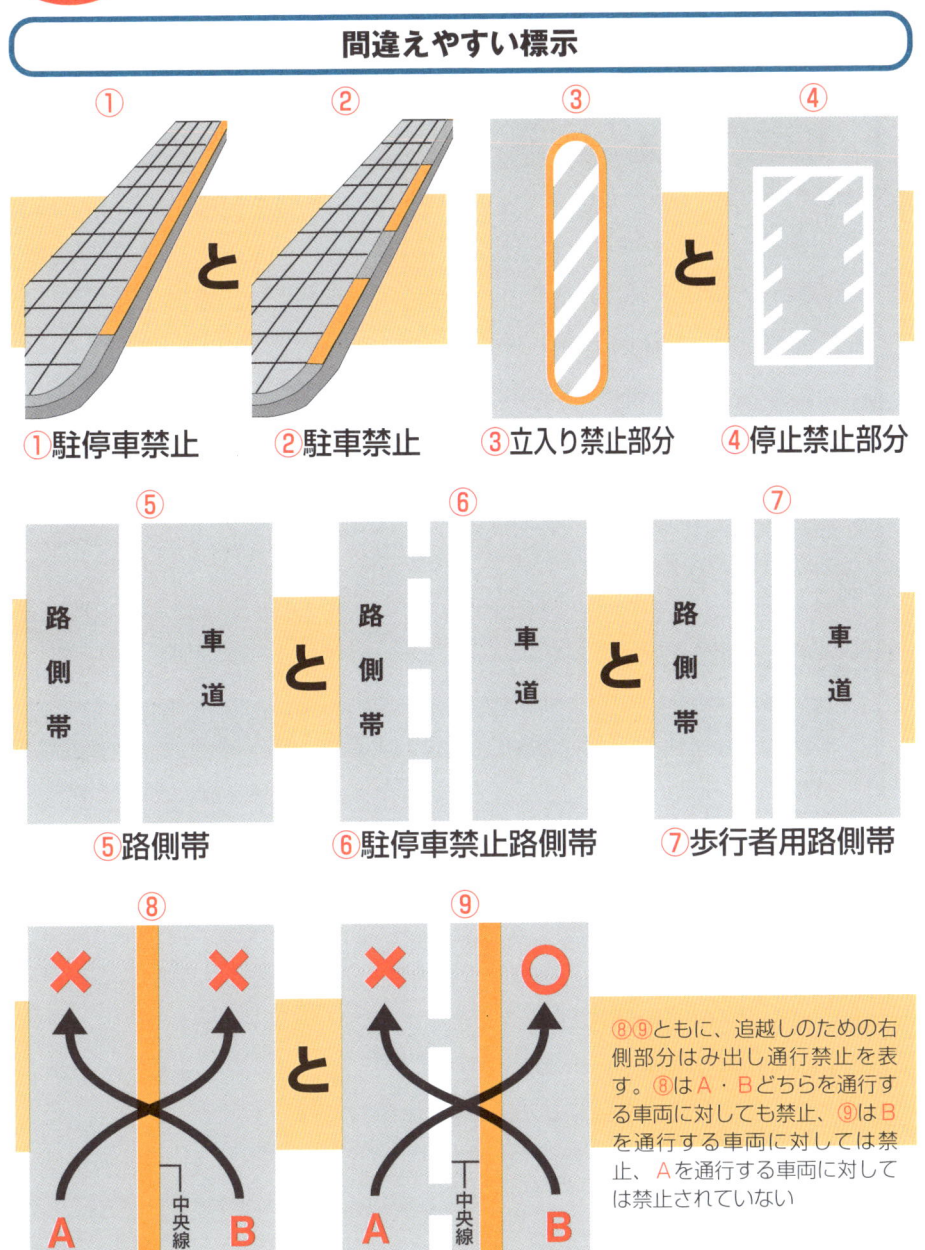

間違えやすい標示

① ② ③ ④

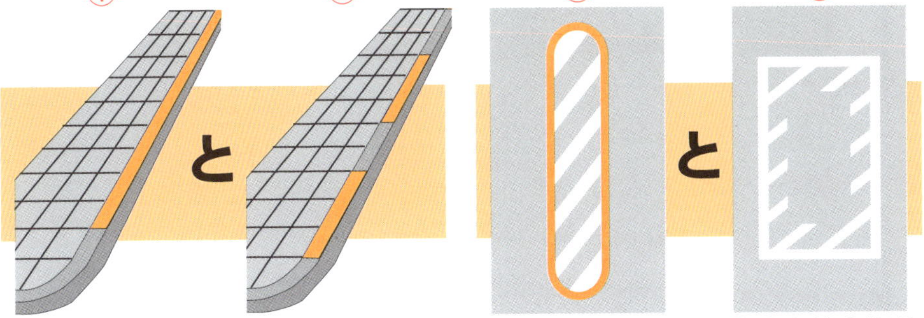

①駐停車禁止　②駐車禁止　③立入り禁止部分　④停止禁止部分

⑤ ⑥ ⑦

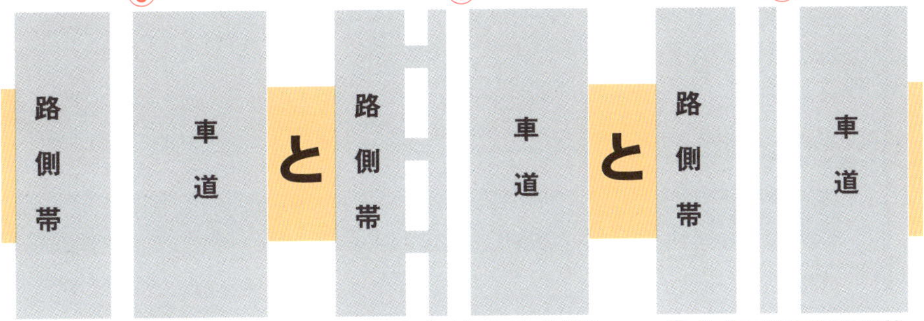

⑤路側帯　⑥駐停車禁止路側帯　⑦歩行者用路側帯

⑧ ⑨

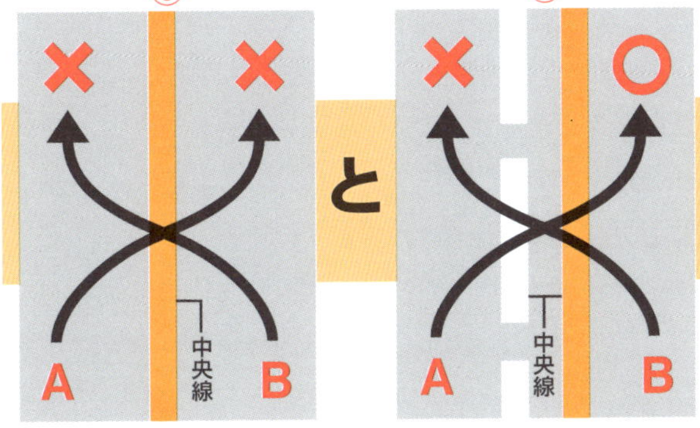

⑧⑨ともに、追越しのための右側部分はみ出し通行禁止を表す。⑧はA・Bどちらを通行する車両に対しても禁止、⑨はBを通行する車両に対しては禁止、Aを通行する車両に対しては禁止されていない

6 通行方法

試験に出る重要問題―通行方法編

❶一方通行の道路であっても、道路の中央から右側部分にはみ出して通行してはならない。

❷同一方向に3つ以上の車両通行帯のある道路では、最《もっと》も左側の通行帯は軽車両《けいしゃりょう》の通行のためにあけておき、原動《げんどう》機《き》付《つき》自《じ》転車《てんしゃ》は左から2番目の通行帯を通行する。

❸原動機付自転車は、原則として、歩道や路《ろ》側帯《そくたい》を通行することはできないが、道路に面した場所に出入りするため横切ることはできる。

❹原動機付自転車は、右の標識のある道路を通行することができる。

❺原動機付自転車は、どんな場合でも、軌《き》道敷内《どうしきない》を通行してはならない。

❹

解答とポイント解説

❶**誤**　一方通行の道路は、反対方向から対向車が来ないので、右側部分にはみ出して通行することができます。

❷**誤**　3つ以上の車両通行帯がある道路では、原動機付自転車は最も左側の通行帯を通行します。

❸**正**　その場合、歩行者がいてもいなくても歩道や路側帯の直前で一時停止しなければなりません。

❹**誤**　図の標識は「車両通行止め」ですので、車両（自動車・原動機付自転車・軽車両）は通行できません。

❺**誤**　原則として通行できませんが、右折する場合などでは通行できます。

重要ポイント1

車は原則として、道路の左側部分を通行しなければならないが、例外として道路の中央から右側部分にはみ出して通行できる場合がある。

右側部分にはみ出して通行できる場合

①一方通行の道路

②通行のための道幅が十分でないとき

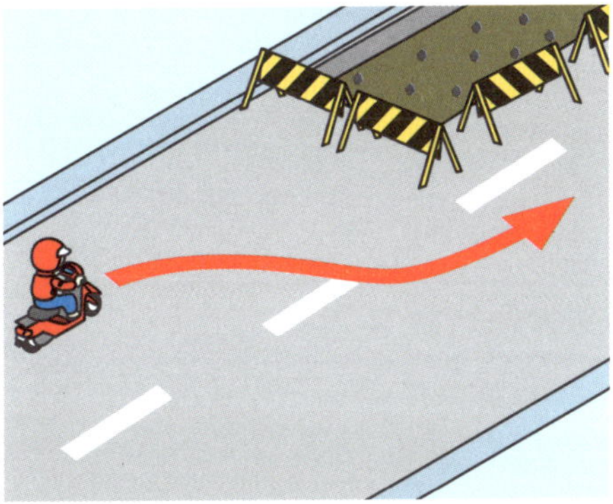

③工事などのため、左側部分だけでは通行できないとき

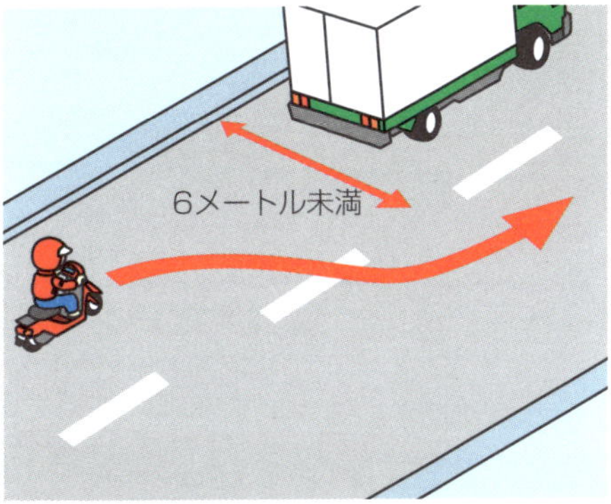

④左側部分の幅が6メートル未満の見通しのよい道路で他の車を追い越そうとするとき

⑤「右側通行」の標示があるとき

※②～⑤は、はみ出し方ができるだけ少なくなるようにしなければならない

重要ポイント 2 自動車や原動《げんどう》機《き》付《つき》自転車《じてんしゃ》は、歩道や路側帯《ろそくたい》、自転車道を通行してはいけないが、道路に面した場所に出入りするために、歩道や路側帯を横切ることができる。その場合は、必ず一時停止して安全を確かめなければならない。

歩道や路側帯、自転車道は通行禁止

自動車や原動機付自転車は、路側帯を通行できない

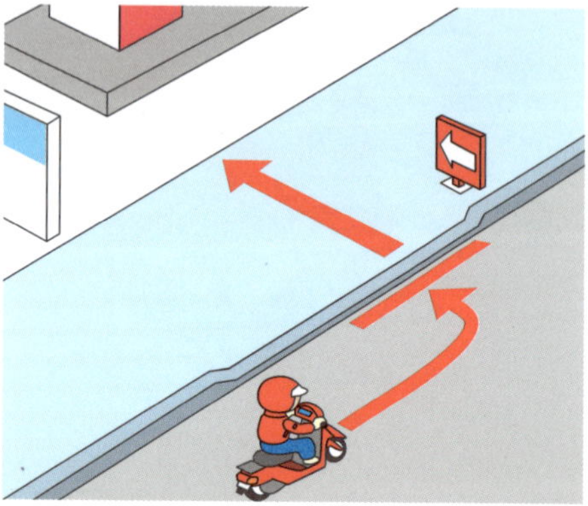

横切ることはできるが、一時停止して安全確認が必要（歩行者がいないときも）

重要ポイント 3 原動機付自転車は、車線の数にかかわらず、原則として、いちばん左側の通行帯を通行しなければならない。

原付車はいちばん左側の通行帯を走る

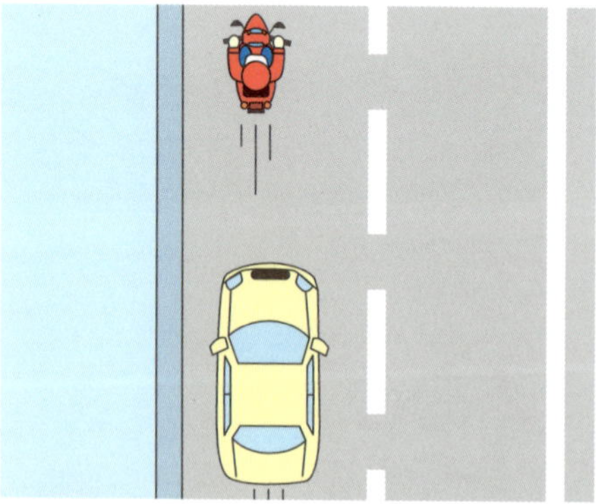

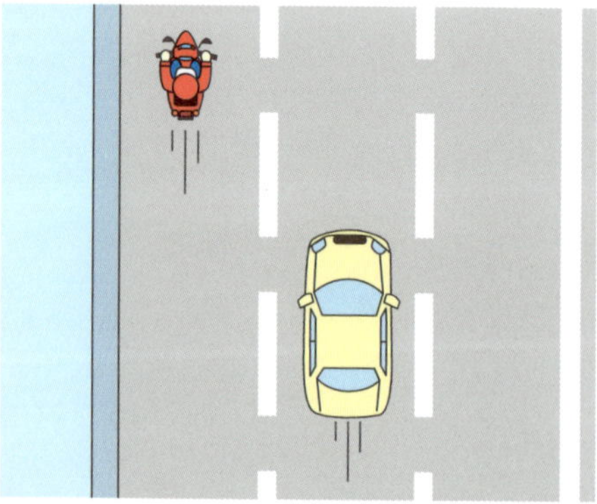

原動機付自転車は、いちばん左側の通行帯を走行しなければならない。自動車は、2車線の道路では左側の車両通行帯を、3車線以上の道路では最も右側の通行帯は追い越しのためにあけておき、それ以外の通行帯を通行する

重要ポイント 4 車の通行が禁止されている場所を覚えておこう。

標識や標示によって車の通行が禁止されているところ

標識

通行止め

車両通行止め

歩行者専用

標示

安全地帯

立入り禁止部分

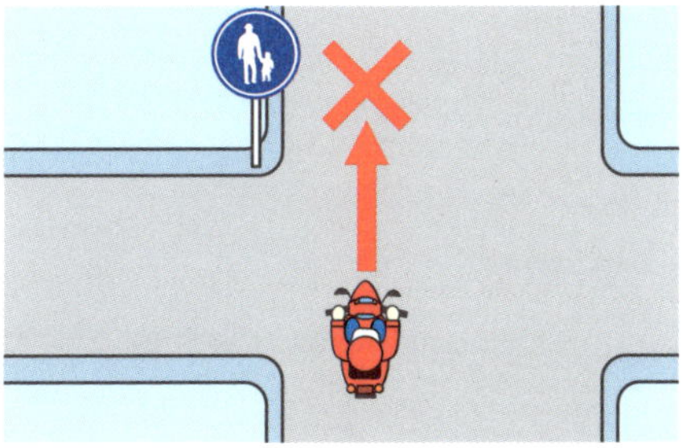

重要ポイント 5 原動機付自転車は、原則として、軌《き》道敷内《どうしきない》を通行することはできない。

軌道敷内を通行できるとき

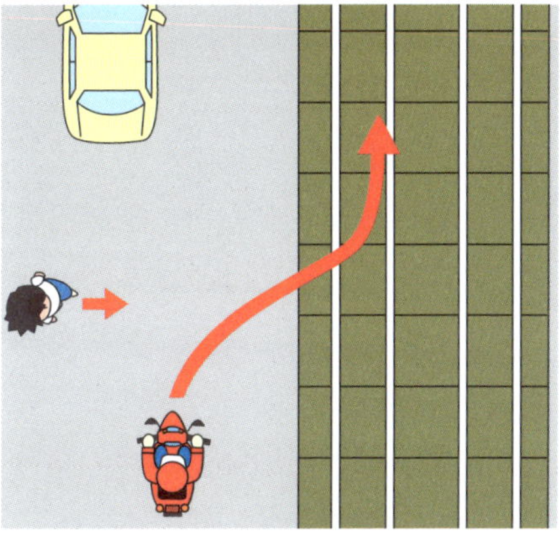
危険を避けるためやむを得ないとき

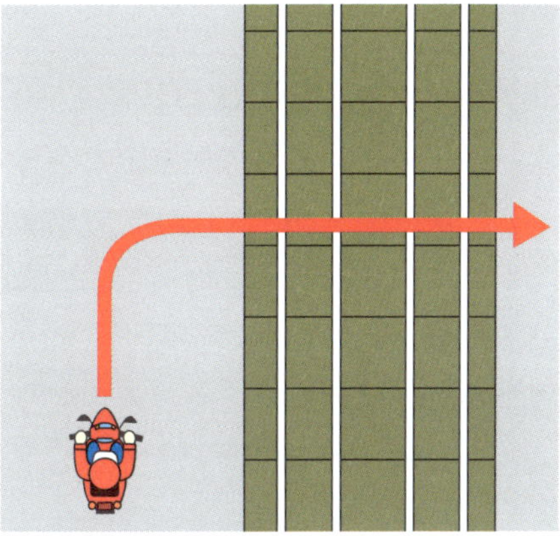
右左折・横断・転回のため横切るとき

「軌道敷内通行可」の標識があっても、原動機付自転車は通行できない。この標識は自動車を対象にしたもの

7 乗車・積載

試験に出る重要問題—乗車・積載編

❶原動《げんどう》機《き》付《つき》自《じ》転車《てんしゃ》を運転するときは、30キログラムを超える荷物を積んではならない。

❷原動機付自転車に積める荷物の幅は、荷台から左右にそれぞれ0.3メートルまではみ出すことができる。

❸原動機付自転車に積める荷物の高さは、荷台から2メートルを超えてはならない。

❹原動機付自転車に積める荷物の長さは、荷台から0.3メートルを超えてはならない。

❺原動機付自転車は、荷台があれば、運転者のほかに１人乗せて運転することができる。

❻車に荷物を積むときは、ナンバープレートや方向指示器などが見えなくなるような積み方をしてはならない。

解答とポイント解説

❶**正**　原動機付自転車に積める荷物の重量制限は、30キログラムまでと覚えておきましょう。

❷**誤**　左右にそれぞれ0.3メートルではなく、それぞれ0.15メートルまでです。

❸**誤**　荷台からではなく、地上から2メートルまでです。

❹**正**　積載《せきさい》装置から0.3メートルまではみ出して荷物を積むことができます。

❺**誤**　原動機付自転車の乗車定員は運転者のみ１人です。

❻**正**　ナンバープレートや方向指示器が見えなくなるような積み方をしてはいけません。

重要ポイント 1

原動《げんどう》機《き》付《つき》自《じ》転車《てんしゃ》の乗車定員は運転者のみ１名。二人乗りはできない。

重要ポイント 2

原動機付自転車に積める荷物の制限を覚えておく。とくに注意したいのは高さ。荷台から2メートルではなく、地上から2メートルまでということを覚えておこう。

積める荷物の重さ・長さ・高さ・幅の制限

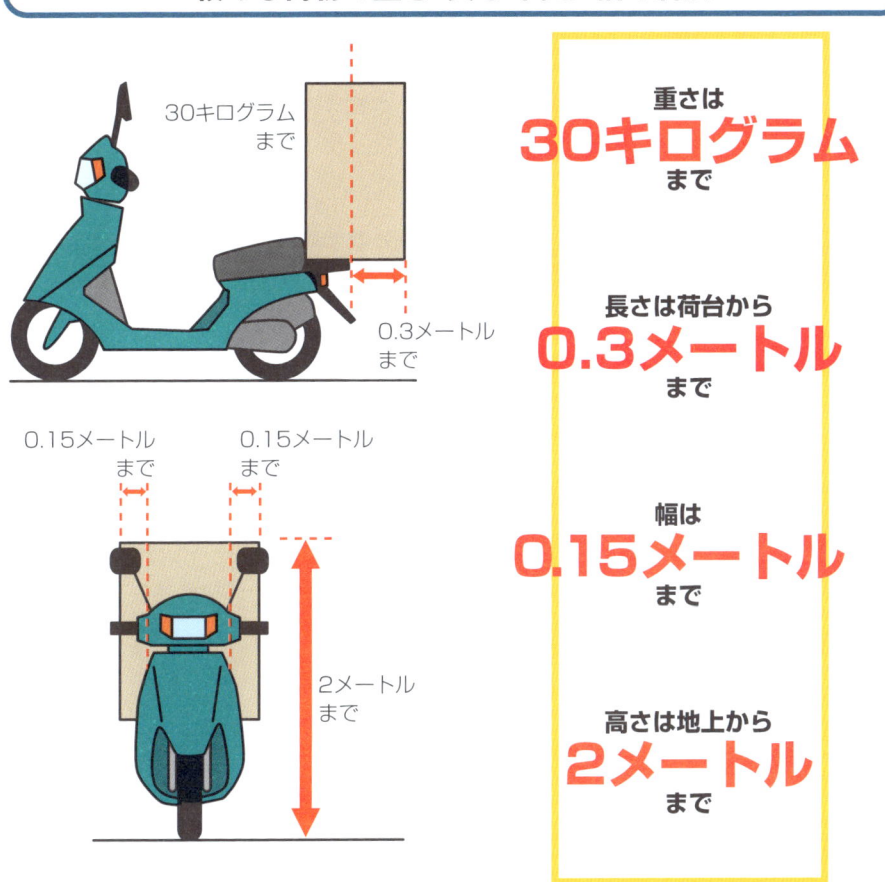

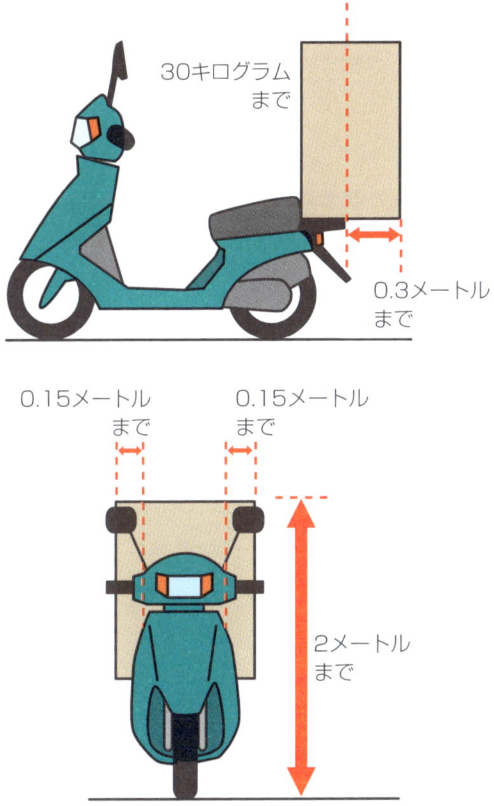

重さは
30キログラム
まで

長さは荷台から
0.3メートル
まで

幅は
0.15メートル
まで

高さは地上から
2メートル
まで

8 最高速度・車間距離

試験に出る重要問題―最高速度・車間距離編

❶上り坂の頂上付近やこう配《ばい》の急な坂は、徐行《じょこう》しなければならない場所である。

❷空走《くうそう》距離とは、ブレーキが効《き》き始めて車が停止するまでの距離のことである。

❸濡《ぬ》れたアスファルトの路面を走行するときは、摩擦《まさつ》抵抗が大きくなるので、制動距離は短くなる。

❹道路の曲がり角付近であっても、徐行の標識がなければ徐行する必要はない。

❺追い越しをするときは、一時的に最高速度を超えてもやむを得ない。

解答とポイント解説

❶**誤**　設問のうち、こう配の急な上り坂は徐行場所に指定されていません。上り坂の頂上付近は向こう側が見えずに危険なため、こう配の急な下り坂は加速がついて危険なため、徐行場所に指定されています。

❷**誤**　設問の内容は制動《せいどう》距離です。空走距離は、運転者が危険を感じてからブレーキを踏み、ブレーキが実際に効き始めるまでの間に車が走る距離です。

❸**誤**　雨に濡れた道路を走る場合、制動距離は長くなります。

❹**誤**　道路の曲がり角付近は徐行場所に指定されています。徐行の標識がなくても徐行しなければなりません。

❺**誤**　追い越しをするときでも、最高速度を超える速度で運転してはいけません。

重要ポイント 1 原動《げんどう》機《き》付《つき》自《じ》転車《てんしゃ》の法定最高速度は30キロメートル毎時。自動車の法定最高速度は60キロメートル毎時。

原動機付自転車と自動車の最高速度

原動機付自転車

→ 30km/h

自動車

→ 60km/h

故障車などをけん引するときの最高速度

125cc以下の自動二輪車や原動機付自転車でのけん引

→ 25km/h

総重量がけん引される車の3倍以上の車で2,000kg以下の車をけん引

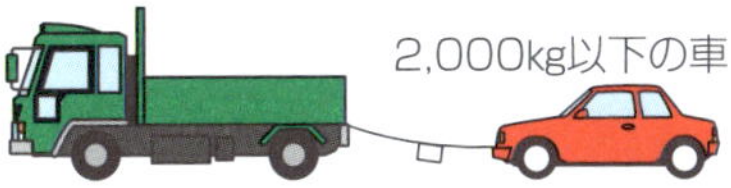

→ 40km/h

上記以外のけん引

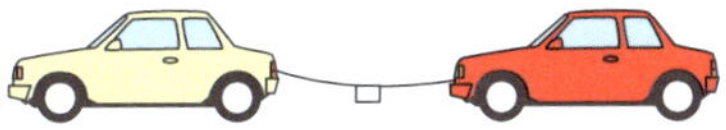

→ 30km/h

重要ポイント 2

「停止距離」とは、空走《くうそう》距離と制動《せいどう》距離を合わせた距離をいう。空走距離と制動距離の意味を覚えておこう。

停止距離＝空走距離＋制動距離

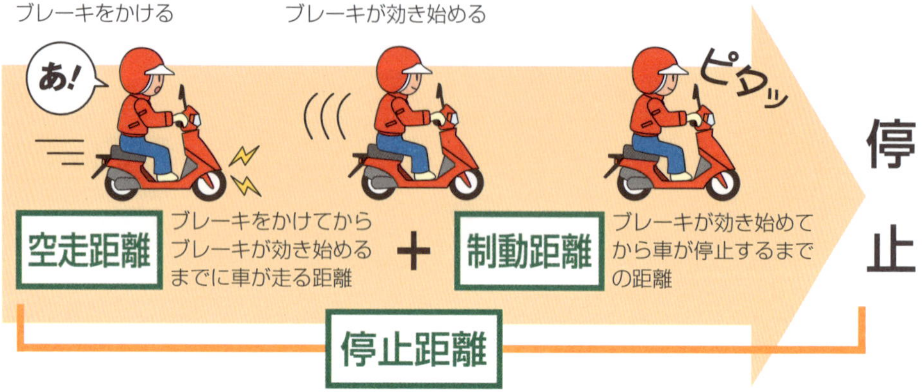
ブレーキをかける
ブレーキが効き始める
あ!
ピタッ
停止
空走距離
ブレーキをかけてから
ブレーキが効き始める
までに車が走る距離
+
制動距離
ブレーキが効き始めて
から車が停止するまで
の距離
停止距離

重要ポイント 3

速度が2倍になると遠心力《えんしんりょく》や慣性《かんせい》の力は4倍になる。つまり、速度の2乗に比例して大きくなる。

遠心力

カーブを回ろうとするとき、外側に滑り出そうとする力

慣性の力

ブレーキをかけても車が走り続けようとする力

重要ポイント 4

「徐行《じょこう》」とは、車がすぐに停止できるような速度で進行することをいい、おおむね10キロメートル毎時以下の速度。

徐行しなければならない場所

「徐行」の標識のある場所

左右の見通しのきかない交差点（交通整理が行われている場合や、優先道路を通行している場合を除く）

道路の曲がり角付近

上り坂の頂上付近とこう配の急な下り坂

重要ポイント 5　徐行しなければならない場所のほか、徐行しなければならない場合は次のようなとき。

徐行しなければならない場合

路面電車関係

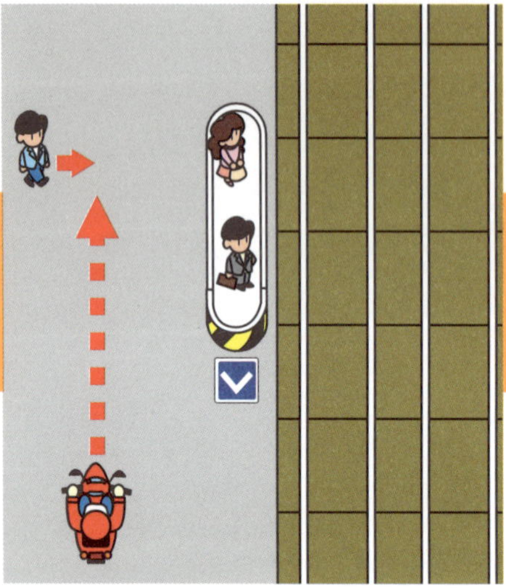

歩行者のいる安全地帯の側方を通行するとき

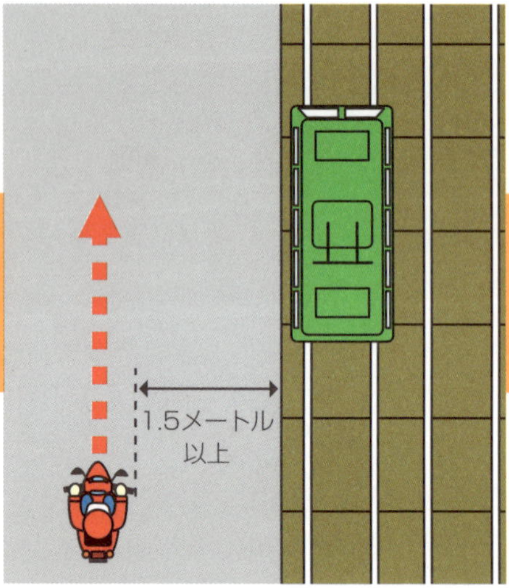

路面電車が停車している停留所で、安全地帯があったり、乗降客がなく1.5メートル以上の間隔がとれるとき

歩行者関係

歩行者や自転車との間に安全な間隔がとれないとき

許可を受けて歩行者用道路を通行するとき

身体障害者や児童・幼児、通行に支障のある高齢者のそばを通行するとき

歩行者の近くに水たまりなどがあるとき

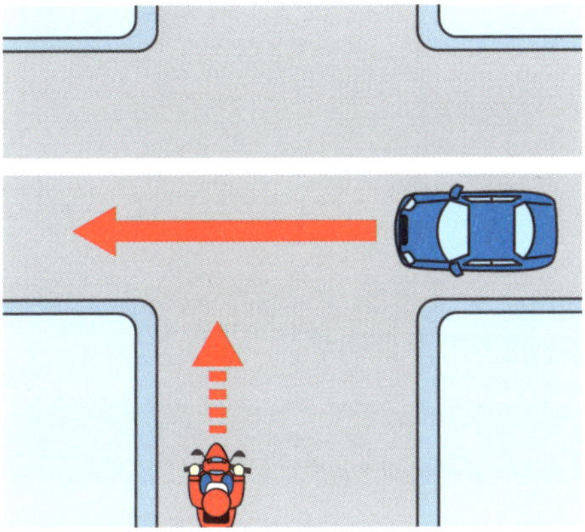

優先道路や道幅の広い道路へ入ろうとするとき

乗降のため止まっている通学通園バスのそばを通るとき

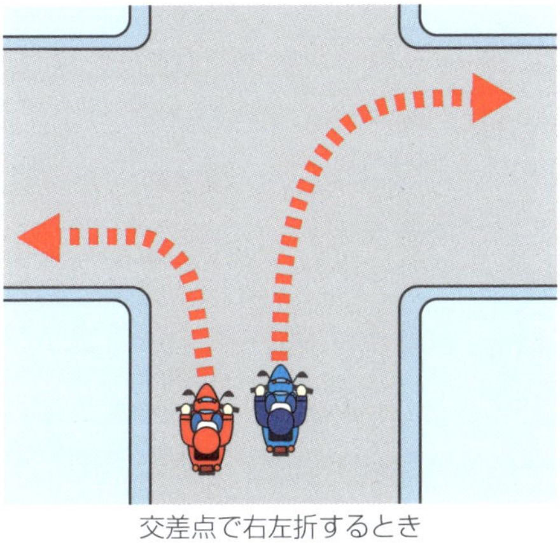

交差点で右左折するとき

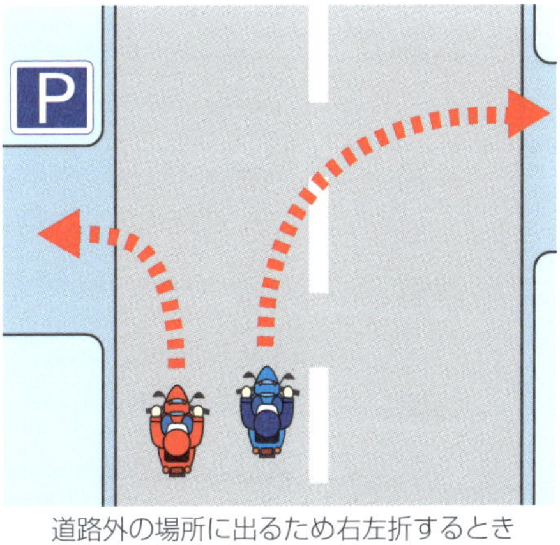

道路外の場所に出るため右左折するとき

9 歩行者の保護

試験に出る重要問題―歩行者の保護編

❶歩行者のいる安全地帯のそばを通るときは徐行《じょこう》しなければならないが、歩行者がいない場合は徐行する必要はない。

❷原動《げんどう》機《き》付《つき》自《じ》転車《てんしゃ》は右図の道路を通行することができるが、徐行することが義務づけられている。

❷

❸路面電車が停留所に停止して客の乗り降りをしている場合は、安全地帯の有《う》無《む》にかかわらず、路面電車の後方で停止して待たなければならない。

❹車庫などに入るため歩道や路《ろ》側帯《そくたい》を横切る場合は、歩行者がいるときにかぎり、その手前で一時停止しなければならない。

❺横断歩道に近づいたときは、横断する歩行者がいないことが明らかな場合でも、徐行しなければならない。

解答とポイント解説

❶**正**　徐行しなければならないのは、安全地帯に歩行者がいる場合です。

❷**誤**　「歩行者専用道路」は、沿道に車庫を持つなど通行が認められた車だけが通行できます。原動機付自転車でも通行できません。

❸**誤**　安全地帯がないときは設問のようにしますが、安全地帯があるときは、徐行して進行することができます。

❹**誤**　歩行者などの有無にかかわらず、必ずその手前で一時停止しなければなりません。

❺**誤**　横断する歩行者がいないことが明らかな場合は、そのまま進行できます。いるかいないか明らかでない場合は、その手前で停止できるように速度を落として進行します。

重要ポイント 1 歩行者や自転車のそばを通るときは、安全な間隔《かんかく》をあけなければならない。あけられないときは徐行《じょこう》する。

歩行者の安全を確保する

安全な間隔（対面１メートル以上、背面1.5メートル以上）をあける

安全な間隔をあけられないときは徐行する

身体の不自由な人などを保護する

車いすの人

白色や黄色のつえを持った人

盲導犬を連れた人

ひとり歩きの子ども

通行に支障のある高齢者

通行に支障のある身体障害者

一時停止か徐行をして安全に通行できるようにする

重要ポイント 2 横断歩道を横断しようとしている人がいないことが明らかな場合は、そのままの速度で進行できる。

横断歩道を通行するとき

横断している人がいる場合は、一時停止して安全に通行できるようにする

横断する人がいないことが明らかな場合は、そのまま進行できる

横断する人がいるかいないか明らかでない場合は、すぐ止まれる速度に落として進行する

横断歩道の手前に車が停止しているときは、その手前で一時停止しなければならない

重要ポイント **3** 路面電車がない安全地帯のそばを通るときは、徐行しなければならない。乗降客がいない場合はそのまま進行できる。

路面電車が停留所で停車しているとき（安全地帯なし）

乗り降りする人や道路を横断する人がいなくなるまで後方で停止して待つ

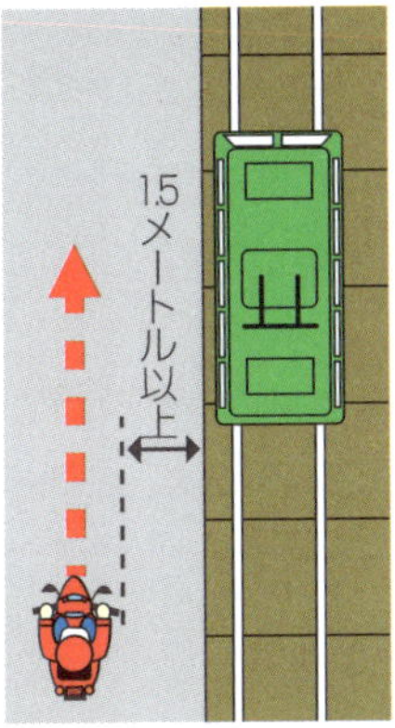

乗降客がなく、路面電車と1.5メートル以上の間隔をあけられるときは徐行して進める

路面電車が停留所で停車していないとき（安全地帯あり）

徐行して進める

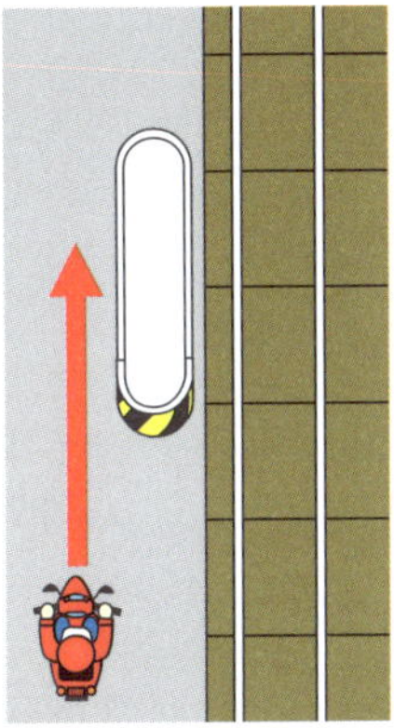

乗降客がない場合は、そのまま進める

重要ポイント **4** 初心者マーク・高齢者マーク・身体障害者マーク・聴覚障害者マーク・仮免許練習標識をつけた車は、保護しなければならない。

初心運転者標識（初心者マーク）

POINT

普通免許を受けて１年を経過していない人が普通自動車を運転するときにつけなければならないもの

高齢運転者標識（高齢者マーク）

POINT

70歳以上の人が普通自動車を運転するときにつけるように努めるもの

身体障害者標識（身体障害者マーク）

POINT

肢体が不自由で免許証に条件がある人が普通自動車を運転するときにつけるように努めるもの

聴覚障害者標識（聴覚障害者マーク）

POINT

聴覚に障害がある人が普通自動車を運転するときにつけなければならないもの

仮免許 練習中	仮免許練習標識は、仮免許を受けた人が、大型・中型・普通自動車の運転教習のためにつけなければならない

重要ポイント 5

歩道や路側帯《ろそくたい》を横切るときは、その直前で必ず一時停止しなければならない。

路側帯の種類

路側帯

歩行者と軽車両が通行できる。0.75メートルを超える場合は中に入って駐停車できる

駐停車禁止路側帯

駐停車が禁止されている。歩行者と軽車両は通行できる

歩行者用路側帯

歩行者のみ通行できる。駐停車は禁止されている

歩道や路側帯を横切るときは、歩行者の有無にかかわらず、必ず一時停止しなければならない

重要ポイント6

歩行者用道路を通行できるのは、歩行者以外にその沿道に車庫があるなどで警察署長の許可を受けた車だけ（その場合は徐行）。

原付は原則として歩行者用道路を通行できない

原則として、歩行者のみ通行できる

二輪のエンジンを切り、押して歩く場合は通行できる（側車付き、他の車をけん引している場合は除く）

許可を受けて通行できる場合でも、徐行しなければならない

10 進路変更と合図

試験に出る重要問題─進路変更と合図編

❶交差点で右左折する場合に行う合図の時期は、その行為をしようとする3秒前である。

❷前方を走行している自動車の運転者が、右腕を車外に出してひじを垂直に上に曲げたが、これは左折または進路を左方に変えるときの合図である。

❸見通しの悪い交差点や坂の頂上付近を通行するときは、必ず警音《けいおん》器《き》を鳴らさなければならない。

❹横断禁止の標識のあるところでは、道路の左側に面した場所に入るための左横断も禁止されている。

解答とポイント解説

❶**誤**　交差点で右左折する場合の合図の時期は、交差点から30メートル手前の地点に達したときです。同一方向に進行しながら進路を変えるときの合図の時期がその行為をする3秒前です。

❷**正**　二輪車の場合の手による合図は、左手で行います。これは、アクセルがハンドルの右側についているためです。左折や進路を左方に変えるときは左腕を水平に伸ばし、右折や転回、進路を右方に変えるときは左腕を垂直に上に曲げます。徐行《じょこう》や停止をするときは、腕を斜め下に伸ばします。

❸**誤**　「警笛《けいてき》鳴らせ」の標識のある場所を通るときや、警笛区間内の見通しのきかない交差点・曲がり角・上り坂の頂上を通るとき、危険を避けるためやむを得ないとき以外は、警音器を鳴らしてはいけません。

❹**誤**　「横断禁止」の標識があっても、道路の左側に面した場所に入るための左横断は禁止されていません。

重要ポイント 1 車両通行帯が黄色の線で区画されている場合は、原則として、この線を越えて進路変更してはいけない。

黄色の線の意味

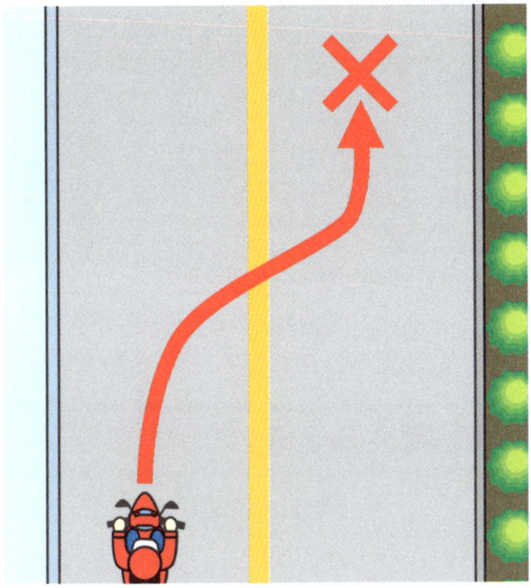
黄色の線を越えて進路変更してはいけない

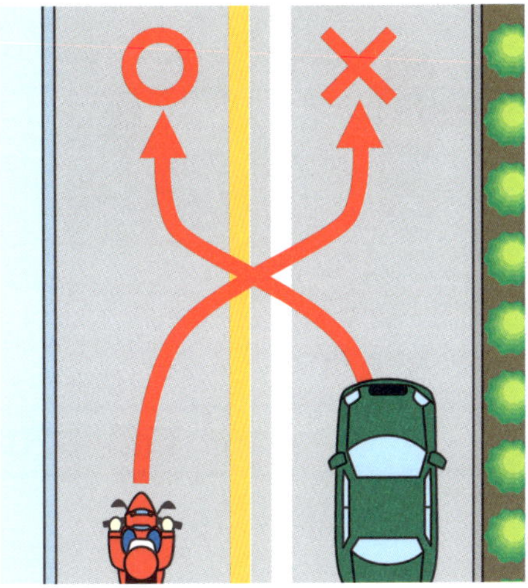
白線の引かれている側からの進路変更はできる

黄色の線を越えて進路変更できるとき

工事などでその通行帯だけでは通行できないとき

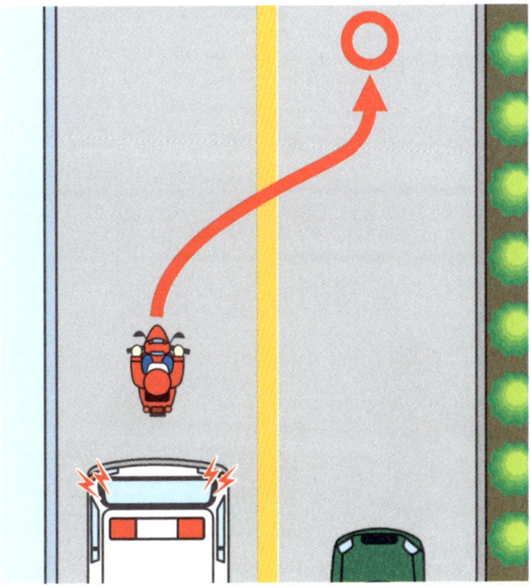
緊急自動車に進路を譲るとき

重要ポイント 2 進路変更は3秒前、右左折は30メートル手前の地点で合図をすることを覚えておく。

左折・左方に進路を変えるとき

合図の方法

①左側の方向指示器を出す
②右腕を車の右側の外に出して垂直に上に曲げる
③左腕を水平に伸ばす　※①～③のどれか

合図の時期

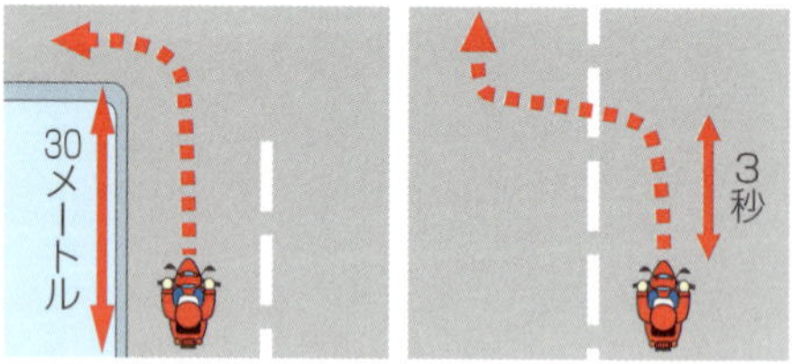

左折しようとする地点から30メートル手前、左方に進路を変える3秒前

右折・転回・右方に進路を変えるとき

合図の方法

①右側の方向指示器を出す
②右腕を車の右側の外に出して水平に伸ばす
③左腕を垂直に上に曲げる　※①～③のどれか

合図の時期

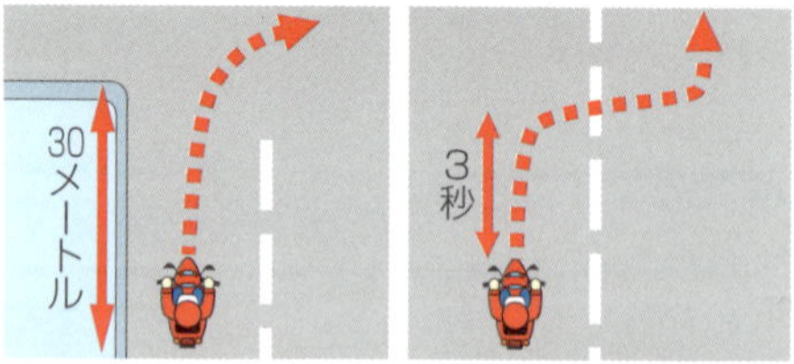

右折や転回をしようとする地点から30メートル手前、右方に進路を変える3秒前

徐行・停止するとき

合図の方法と時期

①ブレーキ灯（制動灯）をつける
②腕を斜め下に伸ばす
※①②のどちらか

参考：後退するとき

合図の方法と時期

①後退灯をつける
②腕を車の外に出して斜め下に伸ばし、手のひらをうしろに向けて腕を前後に動かす
※①②のどちらか

重要ポイント3 警音《けいおん》器《き》は「警笛《けいてき》鳴らせ」の標識がある場所、「警笛区間内」の指定された場所を通るとき、危険防止のためやむを得ないとき以外は鳴らしてはいけない。

警音器を鳴らすとき

「警笛鳴らせ」の標識がある場所

危険防止のためやむを得ないとき

「警笛区間」内の次の場所を通るとき

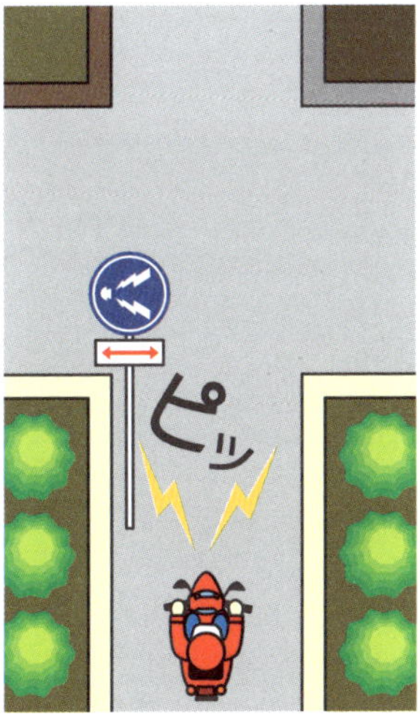

見通しの悪い交差点

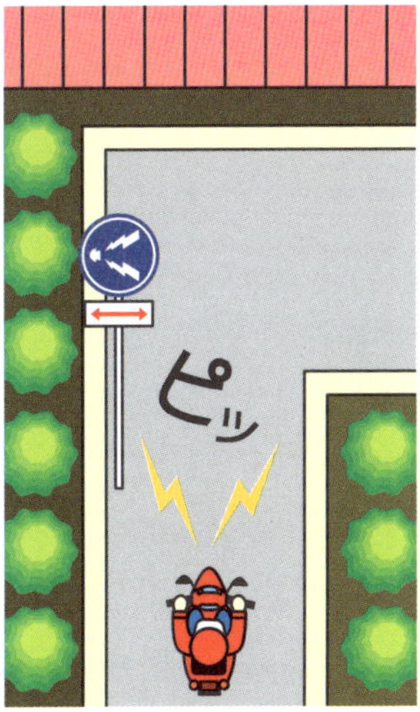

見通しの悪い曲がり角

見通しの悪い上り坂の頂上

11 追い越し

試験に出る重要問題—追い越し編

❶車両通行帯の有《う》無《む》にかかわらず、トンネル内では追い越しが禁止されている。

❷原動《げんどう》機《き》付《つき》自《じ》転車《てんしゃ》が前方の四輪車を追い越すときは、前車の左側を通行すべきである。

❸優先道路を通行中でも、横断歩道やその手前30メートル以内の場所では、追い越しをしてはならない。

❹前の車が原動機付自転車を追い越そうとしているとき、その車を追い越すことはできない。

❺こう配《ばい》の急な坂は、上りも下りも追い越しが禁止されている。

解答とポイント解説

❶**誤**　トンネル内での追い越しが禁止されているのは、車両通行帯のない場合です。

❷**誤**　他の車を追い越すときは、その右側を通行するのが原則です。例外として左側を追い越せるのは、他の車が右折するため道路の中央（一方通行の道路では右端）に寄って通行しているときと、路面電車を追い越そうとするとき（レールが道路の左端にある場合は、その右側を通行する）です。

❸**正**　優先道路を通行していても、設問のような追い越し禁止場所では、追い越しをしてはいけません。

❹**誤**　追い越しが禁止されているのは、前の車が自動車を追い越そうとしているとき（二重追い越し）です。原動機付自転車は自動車ではないため、前の車を追い越すことができます。

❺**誤**　こう配の急な下り坂は追い越しが禁止されていますが、上り坂はとくに指定されていません。

重要ポイント 1 「二重追い越し」として禁止されているのは、前の車が自動車を追い越そうとしているときに追い越しをする行為をいう。自動車というところがポイント。

こんなときは追い越し禁止

前の車が自動車を追い越そうとしているとき（二重追い越し）

前の車が右折などのため右側に進路を変えようとしているとき

反対方向からの車などの進路を妨げるおそれのあるとき

うしろの車が自分の車を追い越そうとしているとき

重要ポイント 2

交差点とその手前30メートル以内でも、優先道路を通行している場合は、追い越しは禁止されていない。

追い越しが禁止されている場所

標識で追い越しが禁止されている場所

道路の曲がり角付近

上り坂の頂上付近とこう配の急な下り坂

車両通行帯のないトンネル

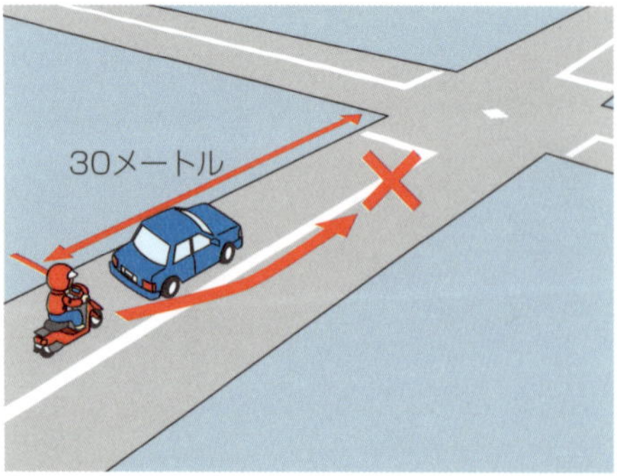

交差点とその手前から30メートル以内の場所（優先道路を通行しているときを除く）

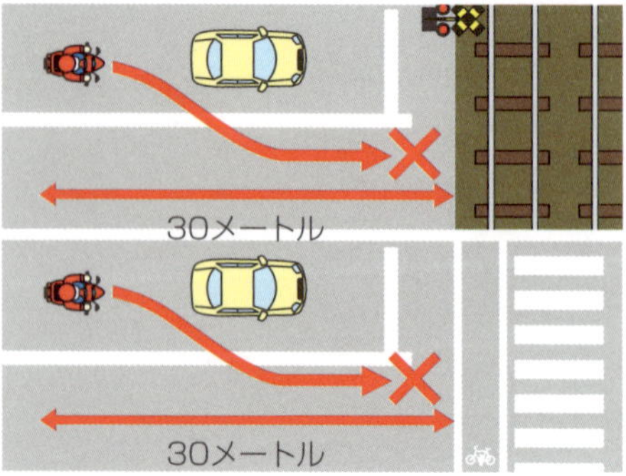

踏切、横断歩道、自転車横断帯とその手前30メートル以内の場所

重要ポイント 3　車を追い越すときは右側を、路面電車を追い越すときは左側を追い越すのが原則。

追い越すときの原則

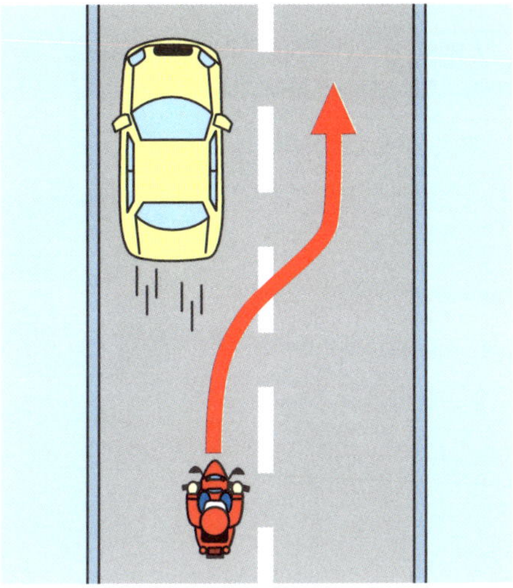

車は右側を追い越す

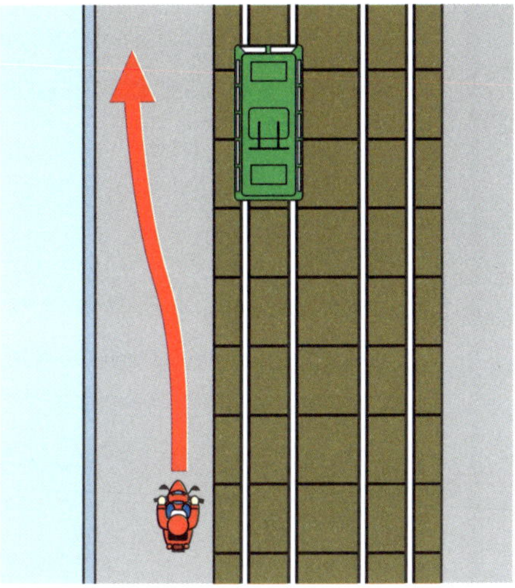

路面電車は左側を追い越す

追い越すときの例外

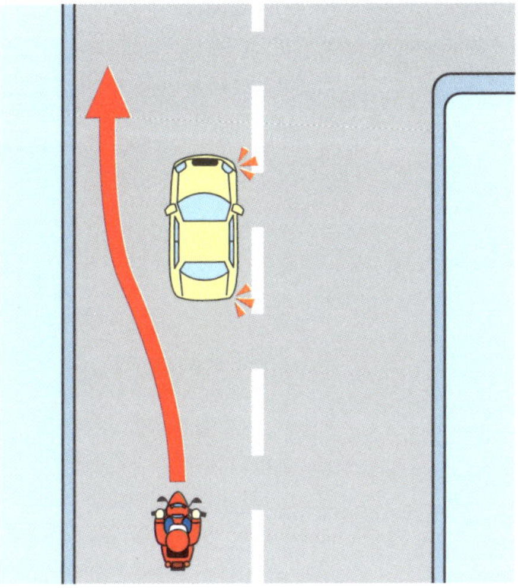

前車が右折のために中央に寄っている場合は左側を追い越す

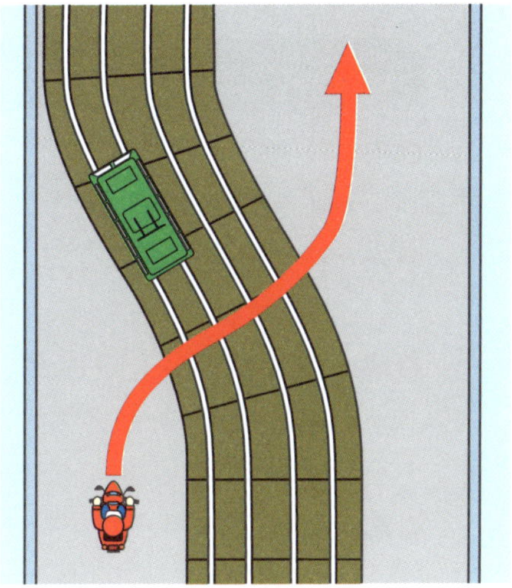

軌道が左端にある場合は右側を追い越す

12 交差点の通行

試験に出る重要問題―交差点の通行編

❶交通整理の行われていない道幅が同じような道路の交差点に路面電車と同時に入ろうとするときは、右方・左方に関係なく、路面電車の進行を妨げてはならない。

❷右の標識のある道路を通行している車は、交差点で追い越しをしてもかまわない。

❷

❸一方通行の道路で右折するときは、道路の中央に寄って交差点の中心のすぐ内側を徐行《じょこう》しながら進行しなければならない。

❹交差点を右折する場合、右折車が先に交差点に入っていれば、直進《ちょくしん》車《しゃ》や左折車に優先して進行することができる。

❺交通整理の行われていない道幅が同じような道路の交差点に、原動《げんどう》機《き》付《つき》自《じ》転車《てんしゃ》と自動車がほぼ同時に入ろうとするときは、右方・左方に関係なく、自動車が優先して進行することができる。

解答とポイント解説

❶**正**　設問の状況《じょうきょう》では、路面電車が優先します。それ以外は、左方車優先となります。

❷**正**　優先道路を通行している車に対しては、交差点での追い越しが禁止されていません。

❸**誤**　一方通行からの右折は、道路の右端に寄って交差点の中心の内側を徐行しながら進行します。ポイントは、道路の右端に寄るということです。

❹**誤**　直進車や左折車があるときは、たとえ右折車が先に交差点に入っていても、直進車や左折車の進行を妨げてはいけません。

❺**誤**　設問の場合、左方の車が優先します。自動車優先という規定はありません。

重要ポイント 1 右折や左折をする場合は、その手前30メートルの地点で合図をして、徐行《じょこう》しながら通行しなければならない。

右・左折の方法

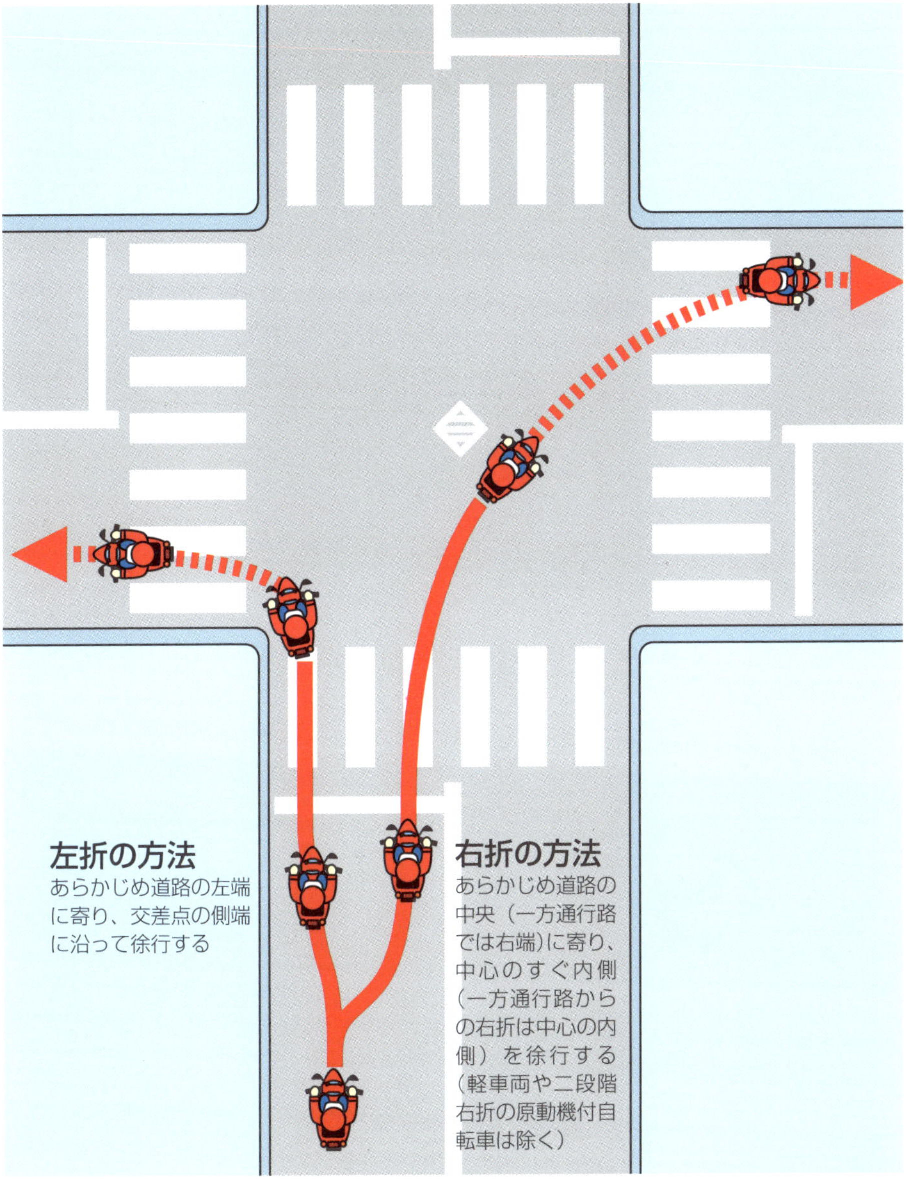
左折の方法
あらかじめ道路の左端に寄り、交差点の側端に沿って徐行する
右折の方法
あらかじめ道路の中央（一方通行路では右端）に寄り、中心のすぐ内側（一方通行路からの右折は中心の内側）を徐行する（軽車両や二段階右折の原動機付自転車は除く）

重要ポイント 2 交通整理が行われていて、3車線以上ある道路の交差点（右折小回りの標識のある場合は除く）と、「二段階右折」の標識がある交差点では、二段階右折をしなければならない。

二段階右折しなければならない場合

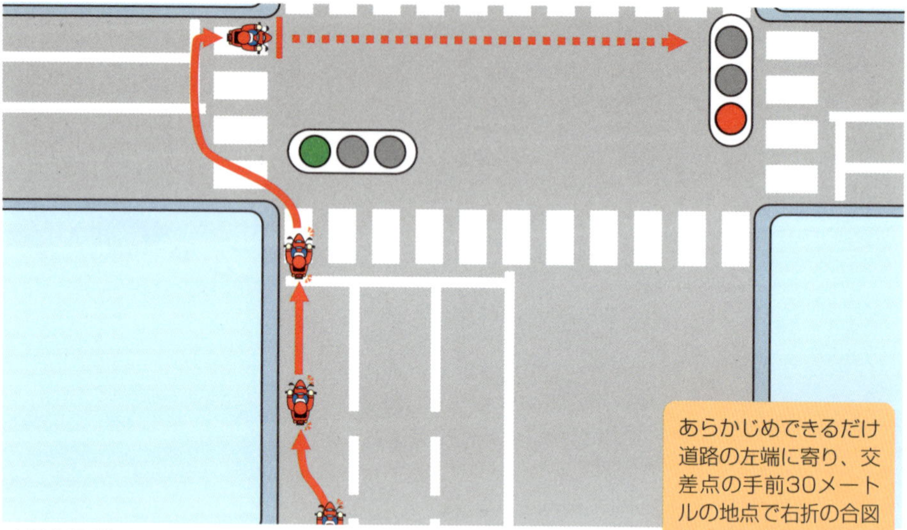
あらかじめできるだけ道路の左端に寄り、交差点の手前30メートルの地点で右折の合図を出す。徐行しながら交差点の向こう側まで進み、右に向きを変え、合図を消す。信号が変わるのを待ち、青になったら進行する
交通整理が行われていて、通行帯が3車線以上ある道路の交差点

原付
交通整理が行われていて、「二段階右折」の標識のある交差点

右折小回りしなければならない場合

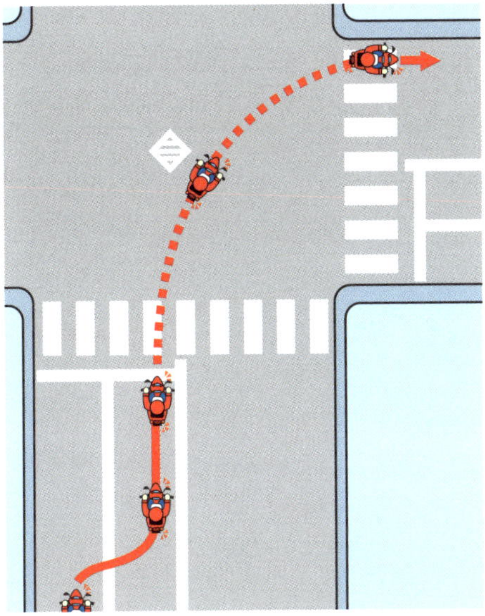

2車線以下の道路の交差点

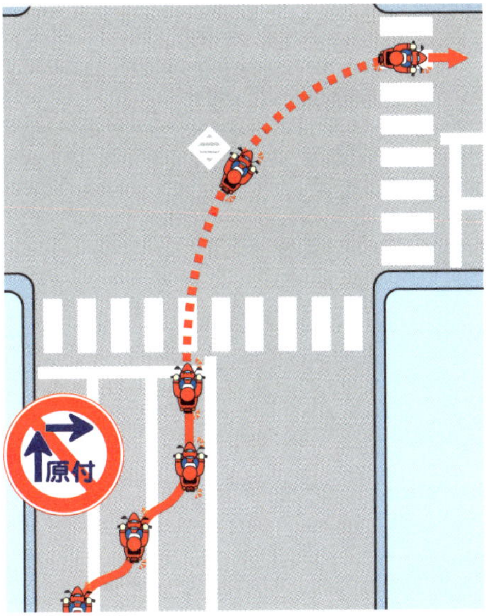
原付

「右折小回り」の標識のある道路の交差点

重要ポイント 3

一方通行の道路で右折するときは、道路の右端に寄って交差点の中央の内側を徐行しながら通行する。

一方通行路からの右折方法

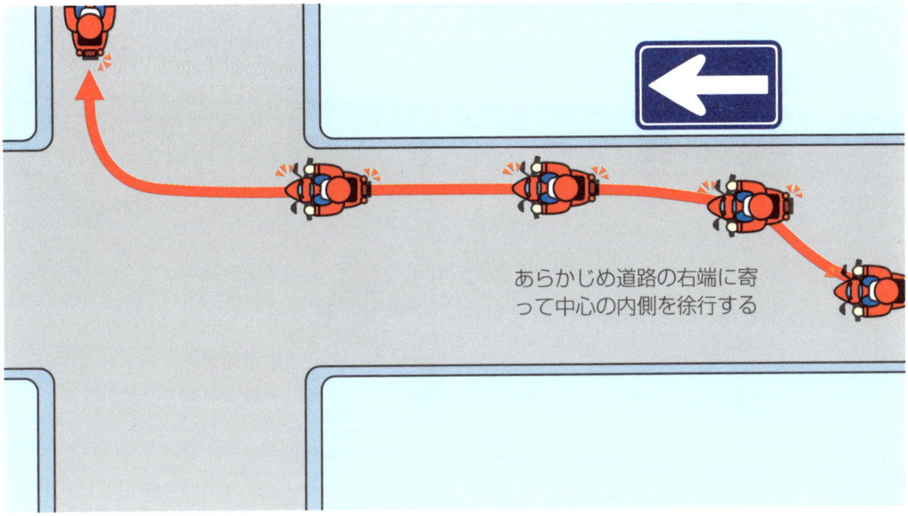
あらかじめ道路の右端に寄って中心の内側を徐行する

重要ポイント 4 右折する車は、たとえ先に交差点内に入っていても、直進車や左折車の進行を妨げてはいけない。

直進車・左折車優先

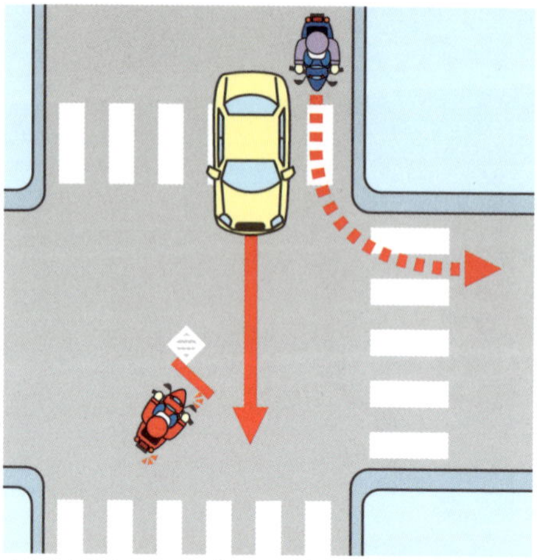

右折する車は、直進車や左折車の進行を妨げてはいけない

合図をした車の進行を妨げない

前車が右折するため進路を右へ変えようと合図をしている場合、その進行を妨げてはいけない

青信号などでも進行してはいけない場合

前方の交通が混雑しているため、交差点内で止まってしまいそうなときは、青信号でも交差点に入ってはいけない

消防署の前などにある「停止禁止部分」の標示の中で動きがとれなくなりそうなときは、進行してはいけない。これは、横断歩道や自転車横断帯、踏切も同じ

重要ポイント 5 交通整理の行われていない道幅の同じような交差点では、路面電車や左方の車が優先する。

道幅の広い道路の車優先

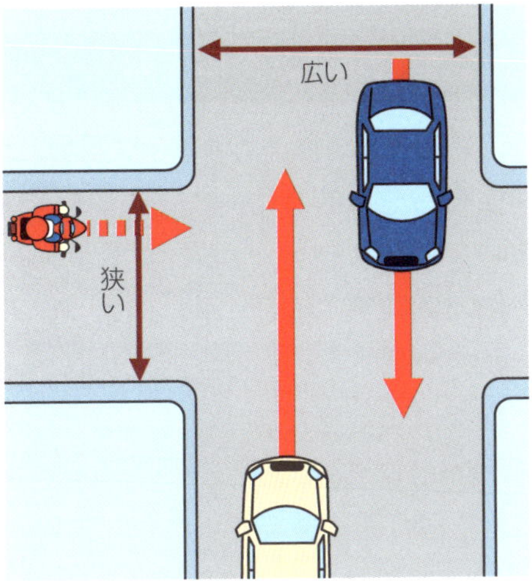

道幅の狭い道路を通行する車が道幅の広い道路を通行する車に進路を譲る

優先道路の車優先

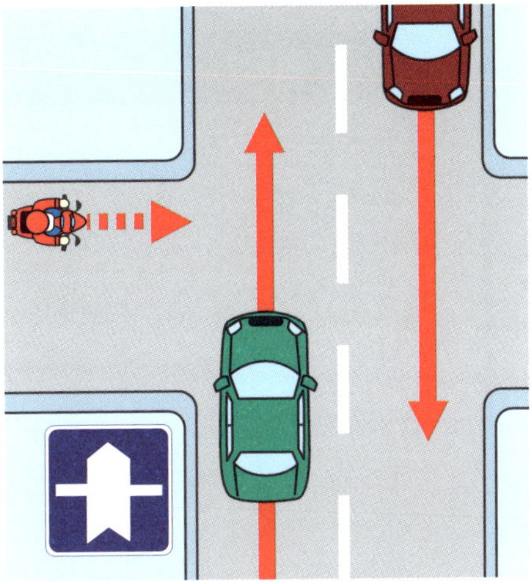

優先道路を通行している車が優先する

交通整理の行われていない道幅の同じような交差点での優先関係

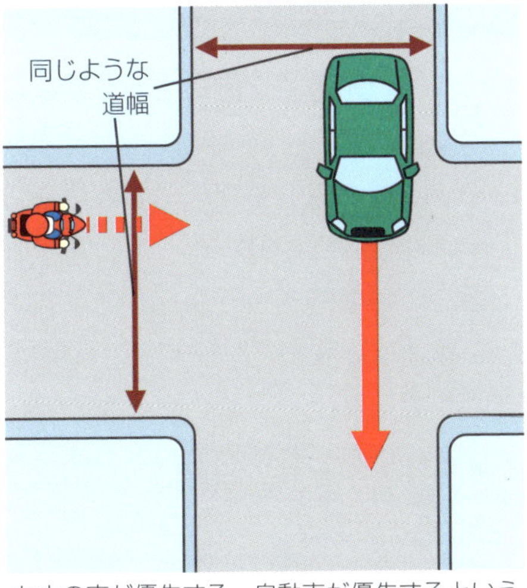

左方の車が優先する。自動車が優先するという規定はない

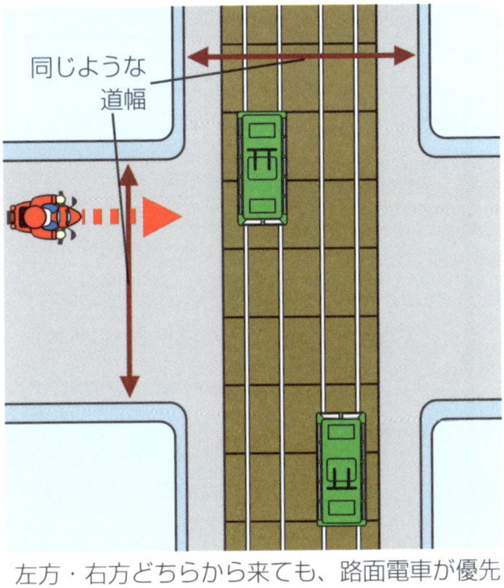

左方・右方どちらから来ても、路面電車が優先する

13 緊急自動車などの優先

試験に出る重要問題―緊急自動車などの優先編

❶交差点付近でない対面通行の道路を通行中、後方から緊急《きんきゅう》自動車が接近してきたときは、必ず左側に寄って一時停止して進路を譲《ゆず》らなければならない。

❷原動《げんどう》機《き》付《つき》自《じ》転車《てんしゃ》は、右の標示のある通行帯を通行することができない。

❸交差点内を通行中、緊急自動車が接近してきたときは、すぐその場に一時停止しなければならない。

❹原動機付自転車は、右の標示のある通行帯を通行できるが、路線バスなどが接近してきたときは、その通行帯から出なければならない。

❺指定された通行区分に従って通行しているときは、緊急自動車が接近してきても、進路を譲らなくてもよい。

解答とポイント解説

❶**誤**　交差点やその付近以外では必ずしも一時停止や徐行《じょこう》する必要はなく、道路の左側に寄って進路を譲ります。

❷**誤**　原動機付自転車・小型特殊自動車・軽車両《けいしゃりょう》は路線バス等専用通行帯を通行できます。その他の車は通行できませんが、左折する場合や工事などでやむを得ない場合は、例外として通行できます。

❸**誤**　交差点から出て（交差点付近の場合は交差点に入らずに）、道路の左側に寄って一時停止して進路を譲らなければなりません。

❹**誤**　原動機付自転車は、路線バスなどが接近してきても、その通行帯から出る必要はありません。

❺**誤**　通行区分に従う必要はなく、左側に寄って緊急自動車に進路を譲ります。

重要ポイント 1

交差点やその付近以外で緊急《きんきゅう》自動車が接近してきたときは、左側に寄って進路を譲《ゆず》ればよい。徐行《じょこう》や一時停止の義務はない。

交差点やその付近で緊急自動車が接近してきたとき

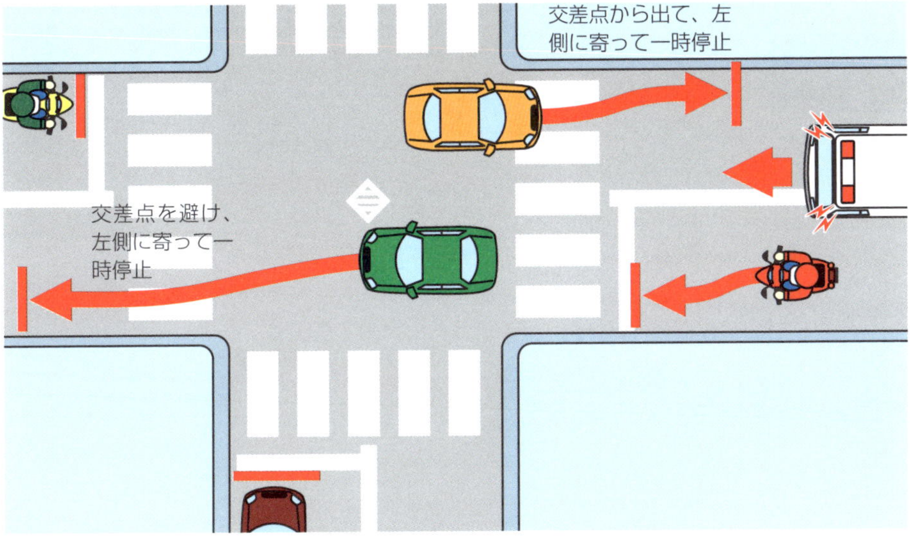

交差点から出て、左側に寄って一時停止
交差点を避け、左側に寄って一時停止

交差点やその付近以外で緊急自動車が接近してきたとき

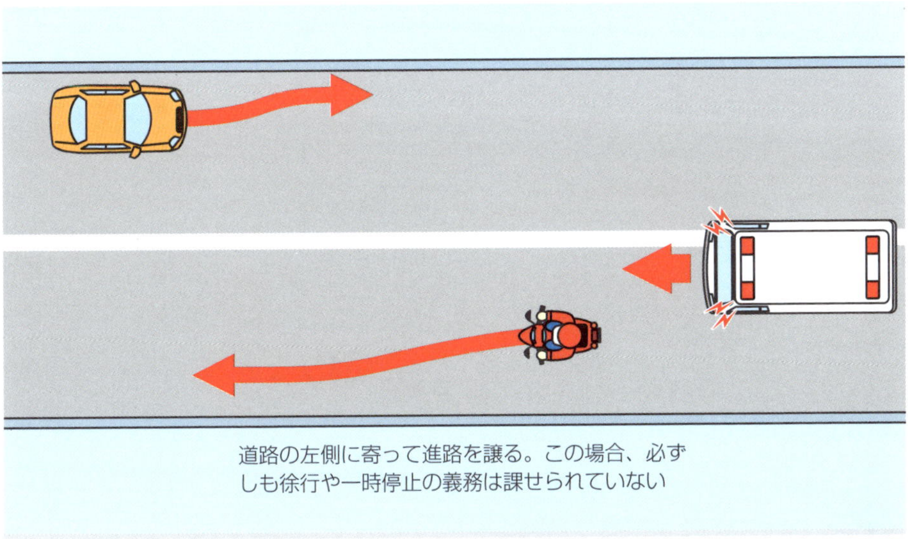

道路の左側に寄って進路を譲る。この場合、必ずしも徐行や一時停止の義務は課せられていない

重要ポイント 2 一方通行の道路の場合も、左側に寄って進路を譲るのが原則だが、左側に寄るとかえって緊急自動車の進行を妨げるときは、右側に寄って進路を譲ることができる。

一方通行の道路の交差点やその付近で緊急自動車が接近してきたとき

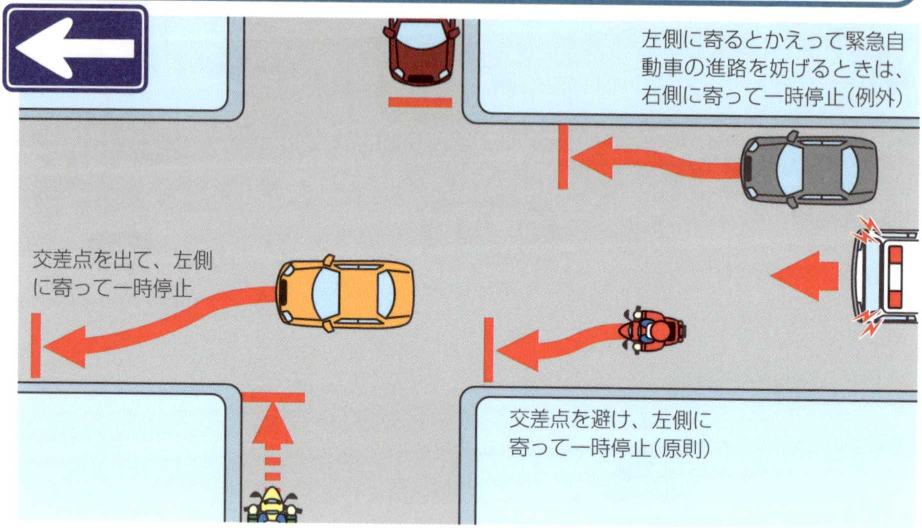

左側に寄るとかえって緊急自
動車の進路を妨げるときは、
右側に寄って一時停止（例外）
交差点を出て、左側
に寄って一時停止
交差点を避け、左側に
寄って一時停止（原則）

一方通行の道路の交差点やその付近以外で緊急自動車が接近してきたとき

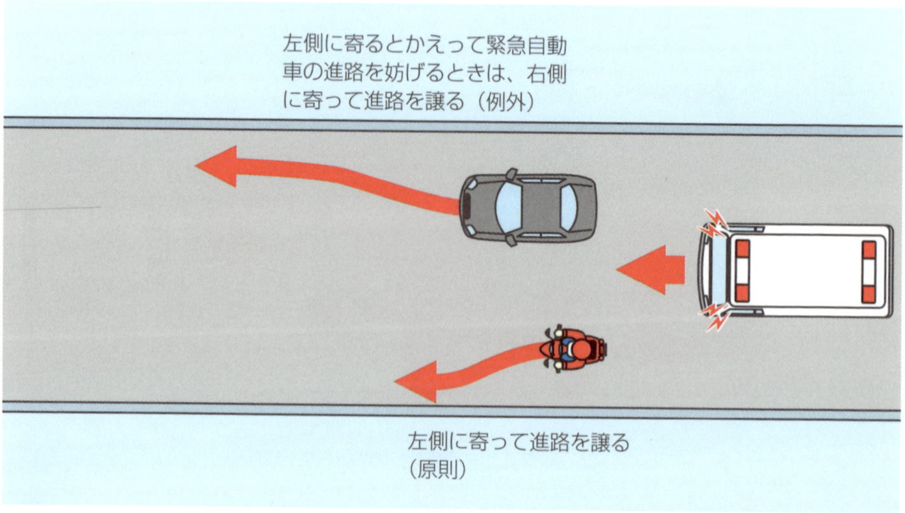

左側に寄るとかえって緊急自動
車の進路を妨げるときは、右側
に寄って進路を譲る（例外）
左側に寄って進路を譲る
（原則）

重要ポイント 3

原動機付自転車《げんどうきつきじてんしゃ》や軽車両《けいしゃりょう》、小型特殊自動車は、バス専用通行帯や路線バス等優先通行帯を通行することができる。

発進妨害禁止

停留所で停止していた路線バスが発進の合図をした場合は、急ブレーキや急ハンドルで避けなければならない場合を除き、その発進を妨げてはいけない

バス専用通行帯では

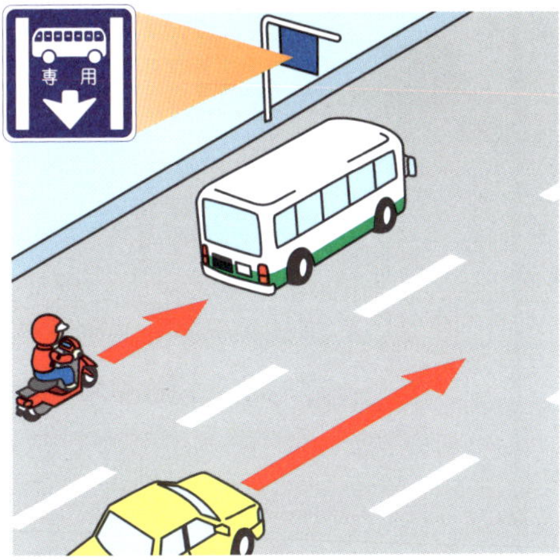

バス専用通行帯は、原動機付自転車、小型特殊自動車、軽車両以外の車は、左折や道路工事などでやむを得ないときを除き、通行できない

路線バス等優先通行帯では

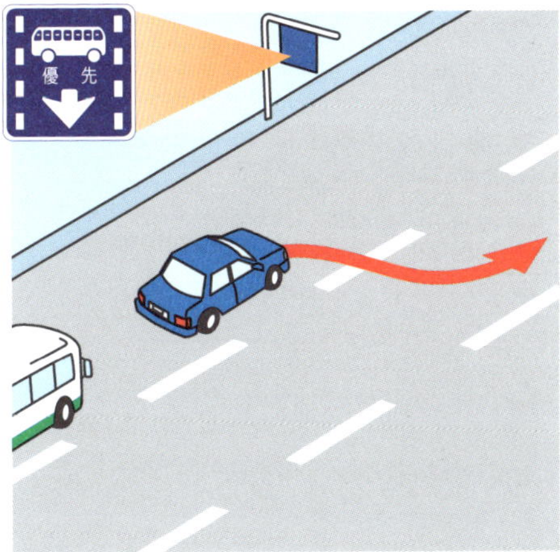

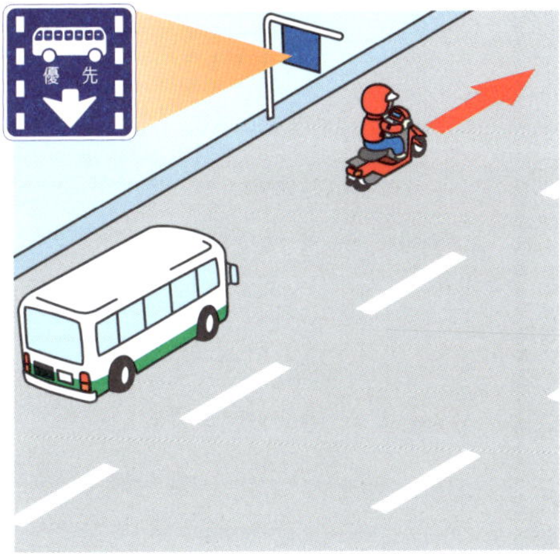

車は、路線バス等優先通行帯が指定されている道路を通行できるが、路線バス等が近づいてきたときは、原動機付自転車、小型特殊自動車、軽車両以外の車は、その通行帯から出なければならない（左折する場合や、道路工事などで通行できないときは除く）

14 駐停車

試験に出る重要問題―駐停車編

❶車の右側の道路上に3.5メートルの余地がとれないところでも、荷物の積みおろしで運転者がすぐ運転できる状態のときは、駐車することができる。

❷歩道や路側帯《ろそくたい》のない道路で駐停車するときは、道路の左側に0.75メートルの余地を残さなければならない。

❸路線バスの運行終了後であれば、停留所付近に駐停車しても違反にはならない。

❹踏切《ふみきり》とその手前10メートル以内の場所では駐停車することはできないが、踏切の向こう側での駐停車はとくに禁止されていない。

❺駐車禁止の場所で、荷物の積みおろしのため3分間車を停止させた。

解答とポイント解説

❶**正**　車を止めたとき、車の右側の道路上に3.5メートル以上の余地がとれない場所では、原則として駐車できません。しかし、例外があります。荷物の積みおろしですぐ運転できるときと、傷病《しょうびょう》者《しゃ》の救護のためやむを得ないときは駐車できます。

❷**誤**　歩道や路側帯のない道路では、道路の左端に沿って駐停車しなければなりません。歩道や路側帯のある道路では、車道の左端に沿って止めます。

❸**正**　バスや路面電車の運行時間中は、停留所の標示板から10メートル以内の場所では駐停車禁止です。しかし、運行終了後に駐停車しても違反にはなりません。

❹**誤**　踏切とその端から前後10メートル以内は、駐停車禁止場所です。

❺**正**　5分以内の荷物の積みおろしのための停止は「停車」になりますので、駐車禁止の場所でも止められます。

重要ポイント 1 人の乗り降りのための停止は、時間にかかわらず「停車」になる。荷物の積みおろしのための停止は、5分を超えると「駐車」、5分以内であれば「停車」。

「駐車」になるのは

車が継続的に停止することや、運転者が車から離れていてすぐに運転できない状態で停止すること

人待ちや荷待ち

故障などによる停止

5分を超える荷物の積みおろし

「停車」になるのは

駐車に当たらない短時間の停止。人の乗り降り、5分以内の荷物の積みおろしのための停止は駐車ではなく停車

信号待ちなどの停止

人の乗り降りのための停止

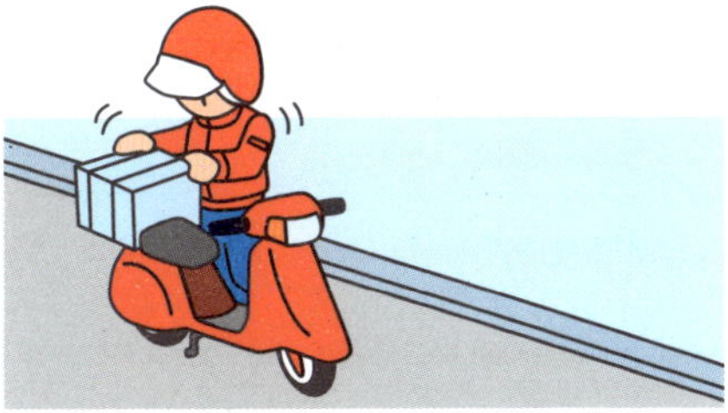

5分以内の荷物の積みおろし

重要ポイント 2

駐車も停車も禁止されているのは全部で10か所。数字関係は6か所で、5メートルが3つ、10メートルが3つ。

駐車も停車も禁止されている場所

駐停車禁止の標識や標示のある場所

トンネル内（車両通行帯の有無にかかわらず）

軌道敷内（終日）

坂の頂上付近やこう配の急な坂（上りも下りも）

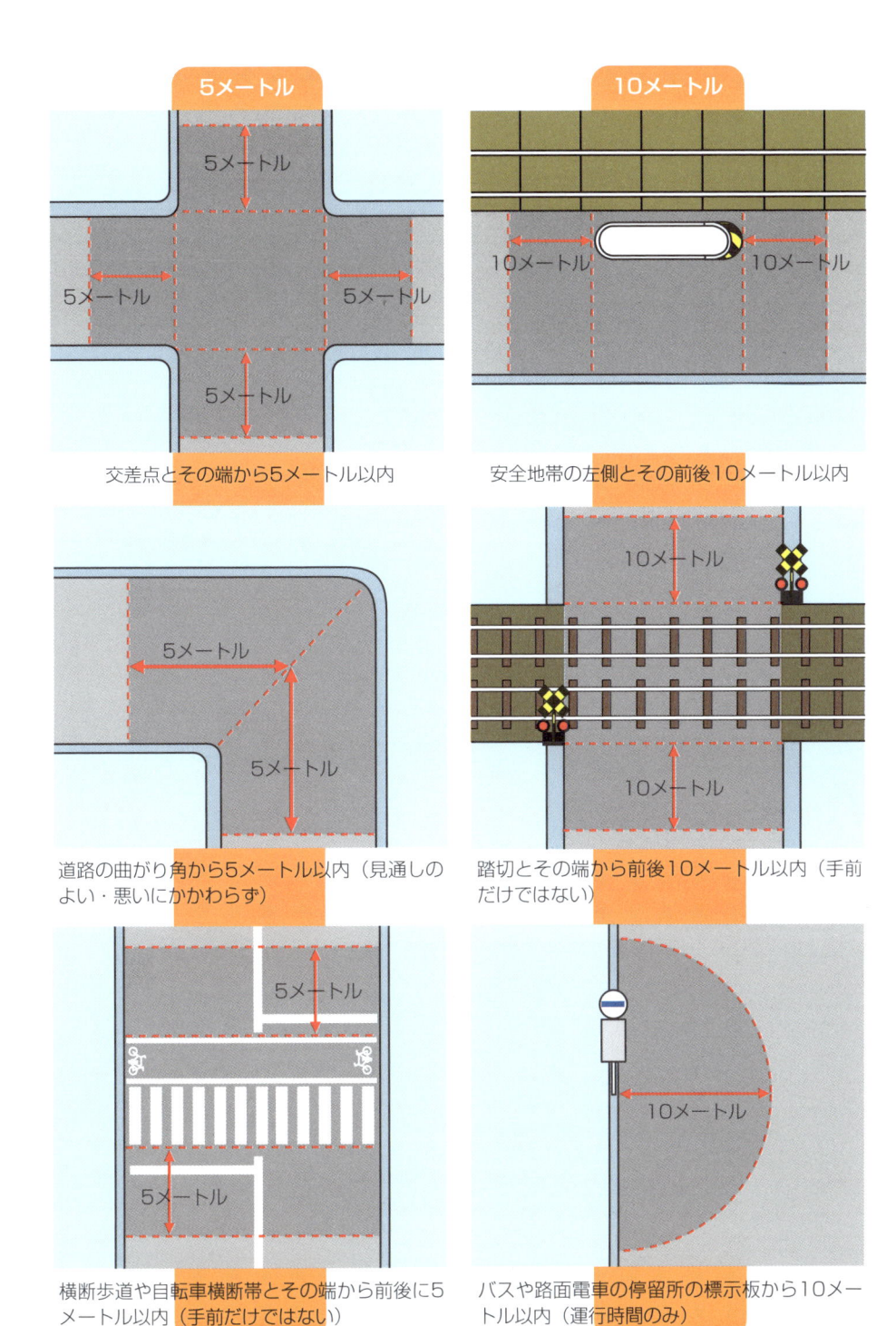

5メートル

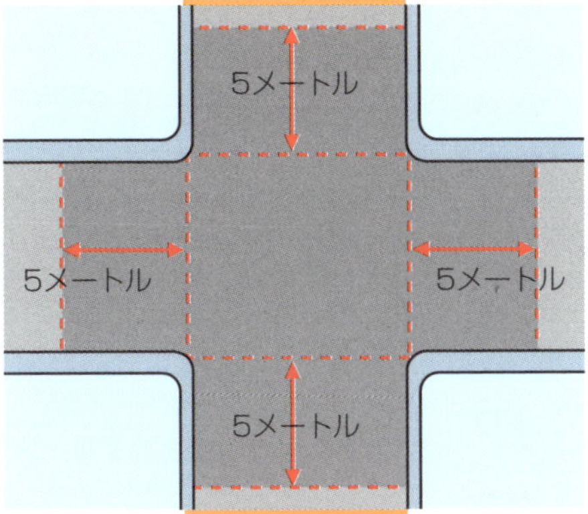

交差点とその端から5メートル以内

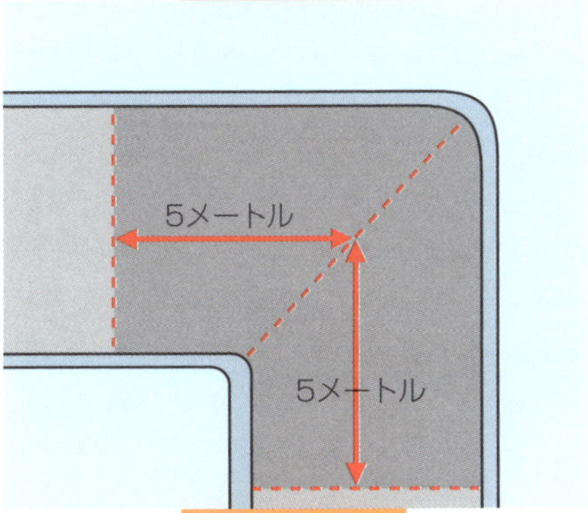

道路の曲がり角から5メートル以内（見通しのよい・悪いにかかわらず）

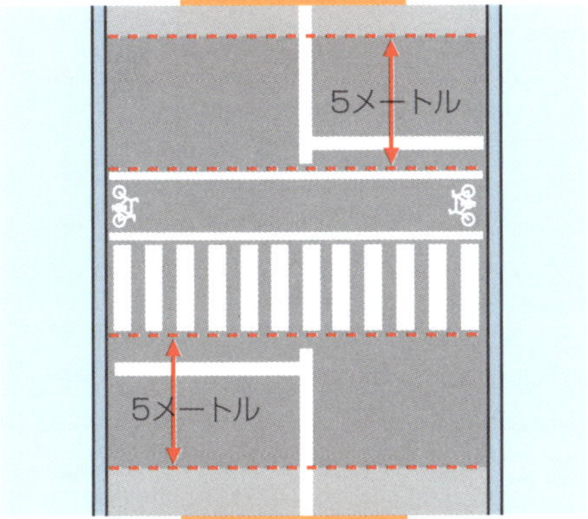

横断歩道や自転車横断帯とその端から前後に5メートル以内（手前だけではない）

10メートル

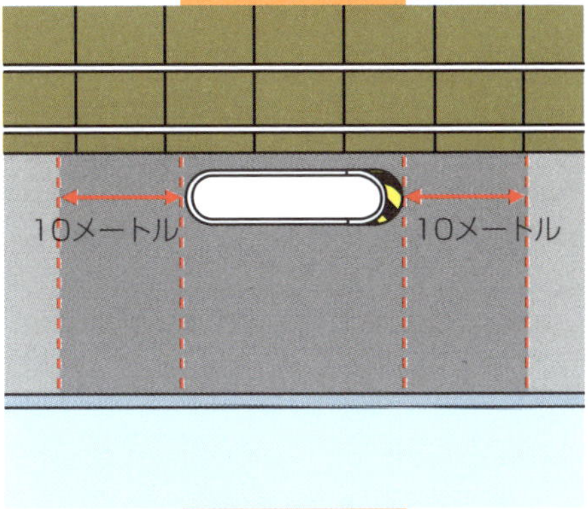

安全地帯の左側とその前後10メートル以内

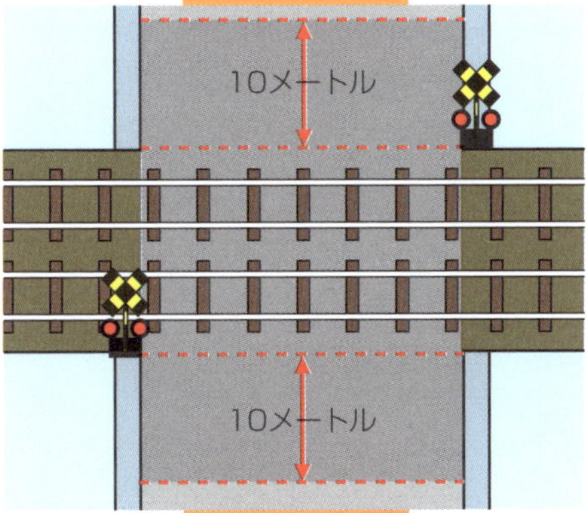

踏切とその端から前後10メートル以内（手前だけではない）

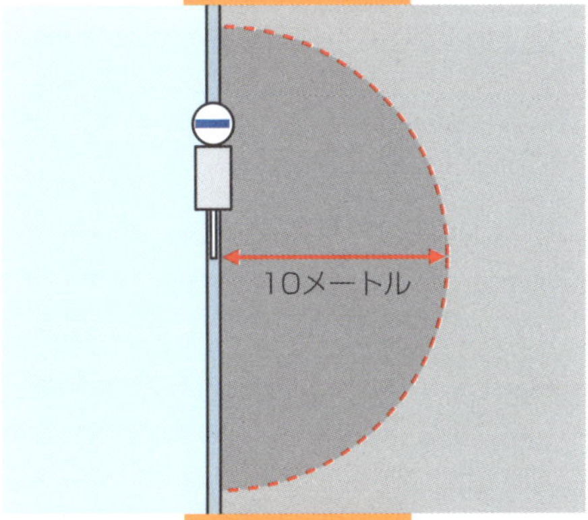

バスや路面電車の停留所の標示板から10メートル以内（運行時間のみ）

重要ポイント
3

駐車が禁止されているのは全部で6か所。消防関係施設が3つ、その他が3つ。

駐車が禁止されている場所

駐車禁止の標識や標示のある場所

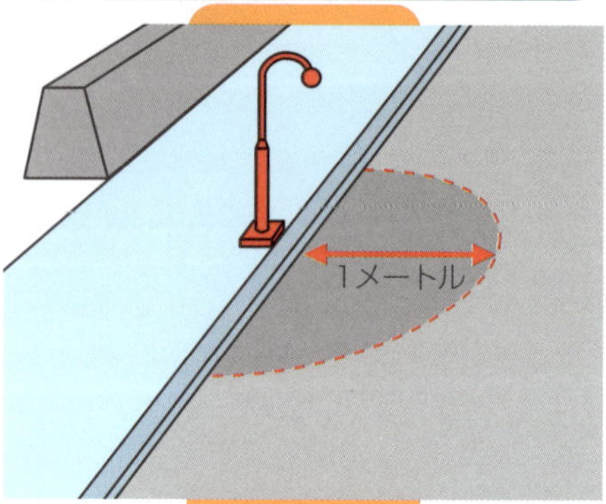

火災報知機から1メートル以内

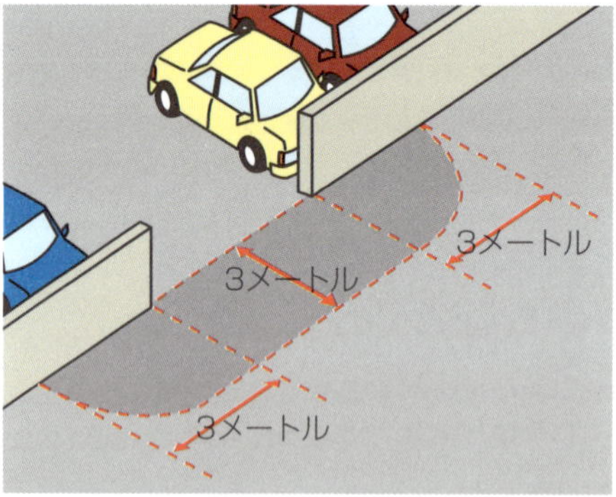

駐車場や車庫の出入口から3メートル以内

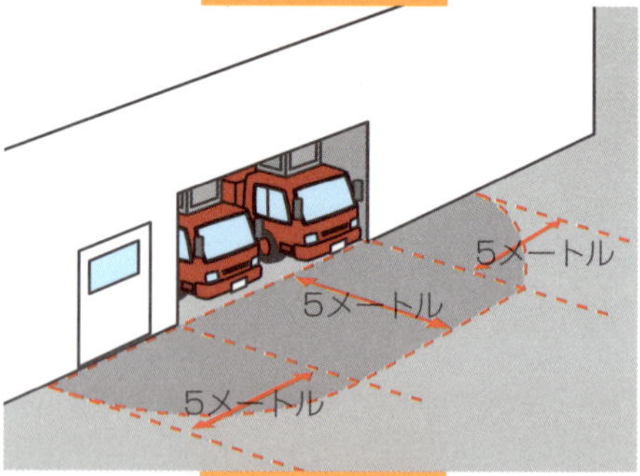

消防用機械器具置き場や消防用防火水槽から5メートル以内

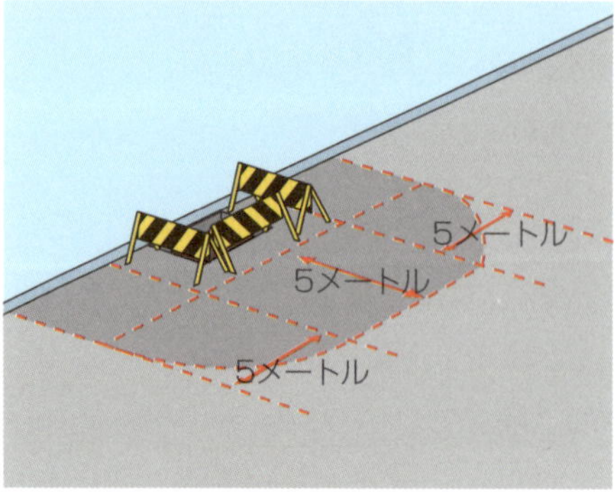

道路工事区域の端から5メートル以内

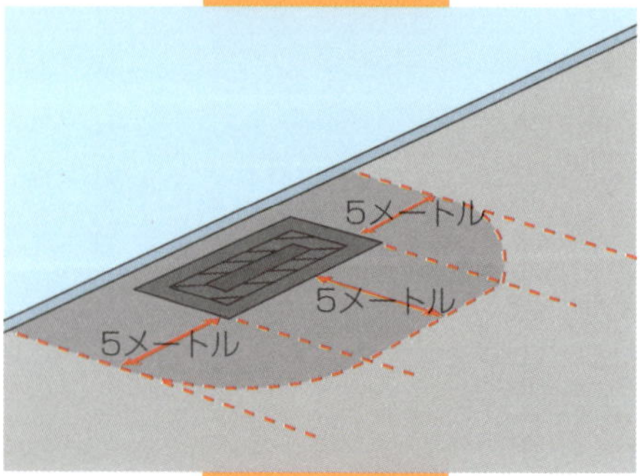

消火栓や指定消防水利の標識のある位置から5メートル以内

消防関係

重要ポイント 4 荷物の積みおろしで運転者がすぐ運転できるときや、傷病者《しょうびょうしゃ》の救護のためやむを得ないときは、3.5メートル以上の余地がなくても駐車できる。

駐車するときの原則

駐停車するときは、車の右側の道路上に3.5メートル以上の余地を残す

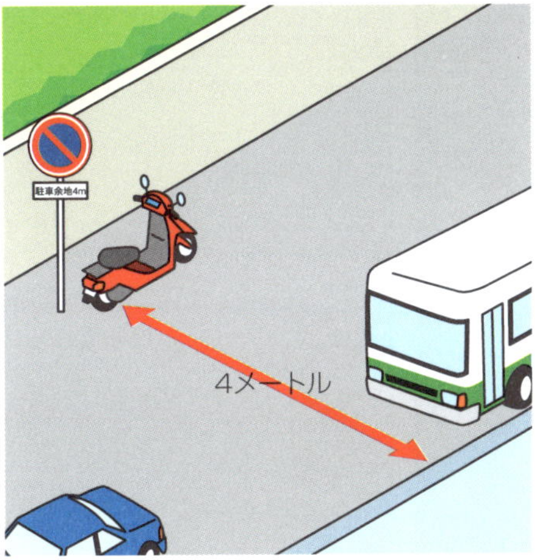

標識で余地が指定されているときは、その余地を残す

無余地駐車できるとき

荷物の積みおろしで運転者がすぐ運転できるとき

傷病者の救護のためやむを得ないとき

重要ポイント 5 路《ろ》側帯《そくたい》の中に入って駐停車できるのは、幅が0.75メートルを超える1本の白い実線のところだけ。その場合は、左側に0.75メートル以上の余地を残す。

駐車と停車の方法

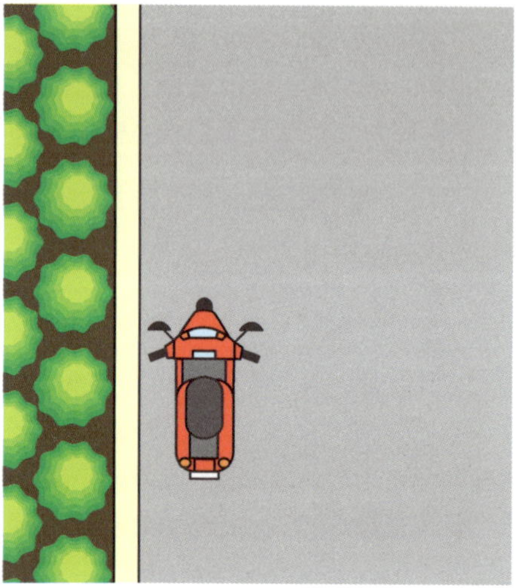

歩道や路側帯のない道路では、道路の左端に沿う（左側に余地をあけない）

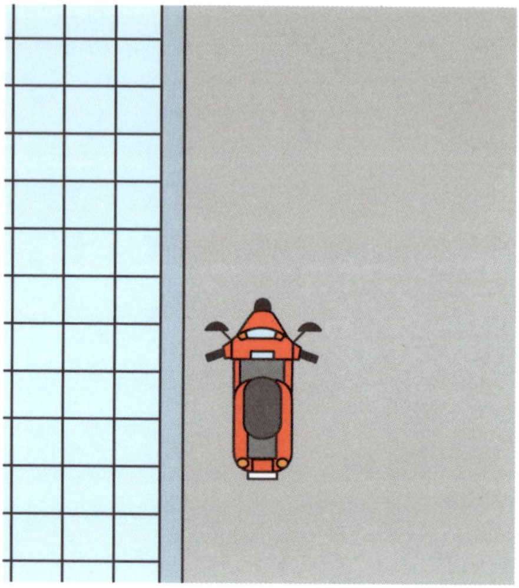

歩道のある道路では、車道の左端に沿う

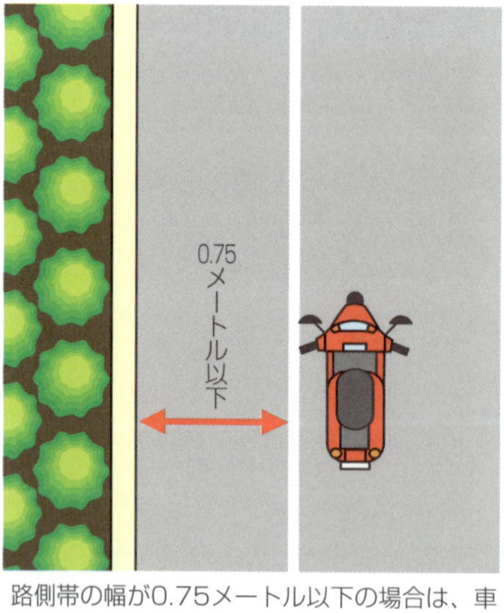

路側帯の幅が0.75メートル以下の場合は、車道の左端に沿う

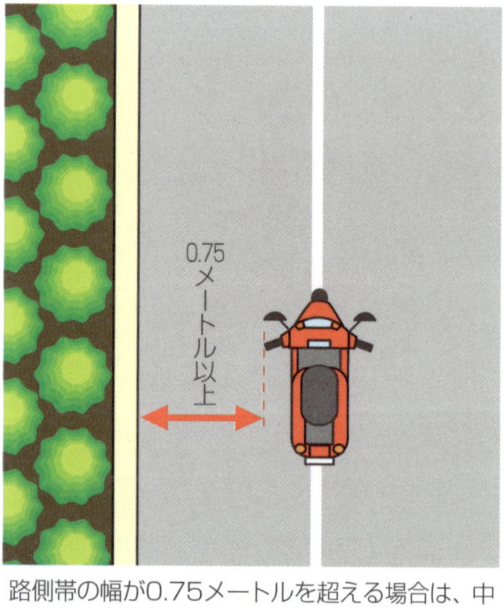

路側帯の幅が0.75メートルを超える場合は、中に入り、左側に0.75メートル以上の余地を残す

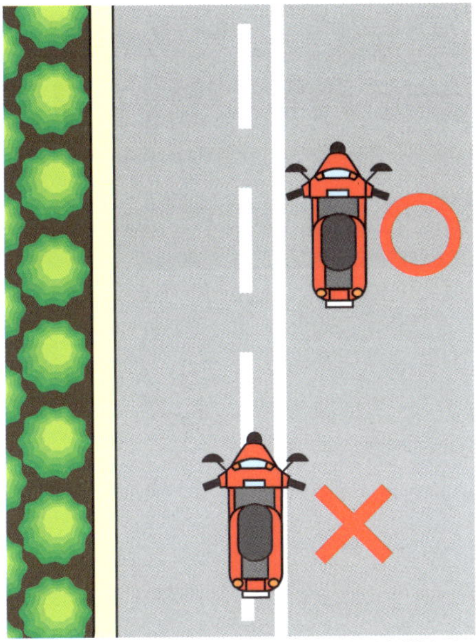

実線と破線の路側帯は「駐停車禁止路側帯」なので、中に入って止めてはいけない

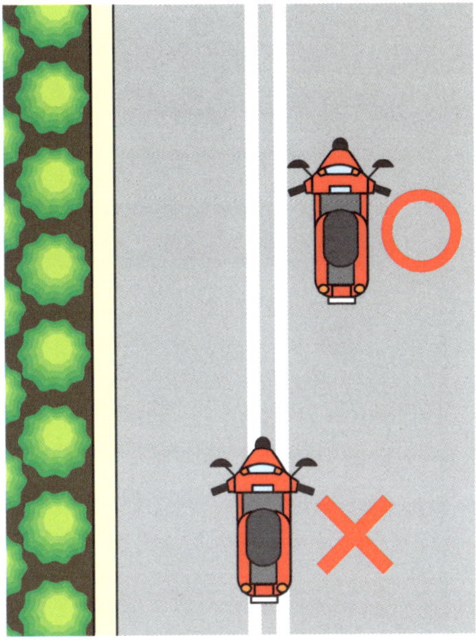

実線2本の路側帯（歩行者用路側帯）の場合も、中に入って止めてはいけない

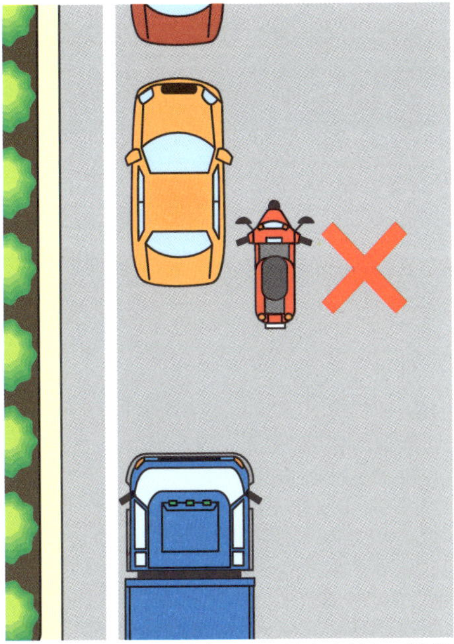

道路に平行して駐停車している車と並んで駐停車してはいけない

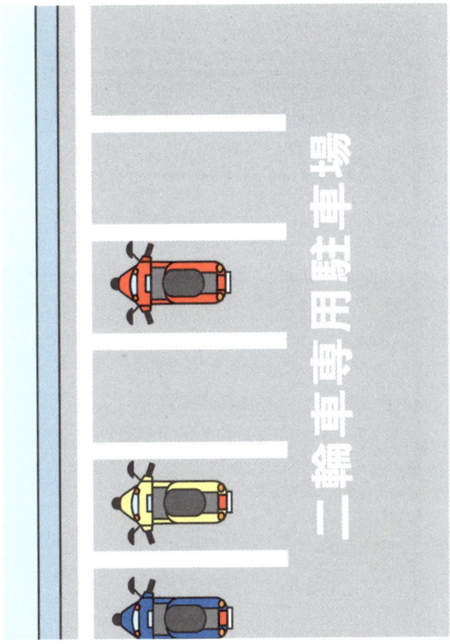

駐車方法が指定されている場合は、指定どおりに駐車しなければならない

15 危険な場所の通行

試験に出る重要問題―危険な場所の通行編

❶夜間、対向車の多い市街地《しがいち》の道路を通行するときは、前照灯《ぜんしょうとう》を上向きにしなければならない。

❷踏切《ふみきり》内では、列車の運行中にかぎり、車の駐停車が禁止されている。

❸踏切内は、対向車に注意して、左端に寄って通行したほうがよい。

❹こう配《ばい》の急な長い下り坂を通行するときは、ギアをニュートラルにして、前後輪のブレーキをひんぱんに使うようにする。

❺山道で安全に行き違いができないときは、下りの車が上りの車に道を譲《ゆず》るべきである。

❻片側が転落の危険のあるがけになっている道路で行き違いをする場合は、がけ側の車が一時停止して山側の車に道を譲る。

解答とポイント解説

❶**誤**　交通量の多い道路で前照灯を上向きにすると、対向車の運転者の目をげん惑《わく》します。対向車と行き違うときや他の車の直後を通行するとき、交通量の多い市街地の道路を通行するときは、前照灯を下向きに切り替えて運転します。

❷**誤**　踏切内は、終日駐停車禁止です。

❸**誤**　左端に寄ると落輪《らくりん》する危険がありますから、歩行者や対向車に注意しながら、やや中央寄りを通行します。

❹**誤**　低速ギアに入れ、エンジンブレーキを活用して下ります。

❺**正**　坂道では、上り坂の発進が難しいため、下りの車が上りの車に道を譲ります。

❻**正**　転落の危険のあるがけ側の車が一時停止して道を譲ります。

重要ポイント 1

踏切《ふみきり》を一時停止せずに通過できるのは、信号機があり、青信号を表示しているときだけである。

踏切を通過するとき

踏切の直前（停止線があるときはその直前）で一時停止をし、自分の目と耳で左右の安全を確かめる

信号機があり、青信号を表示しているときは、一時停止せずに通過できる。ただし、左右の安全確認は必要

前の車に続いて通過するときでも、一時停止をして安全を確かめる

警報機が鳴っているときや、遮断機が下りているとき、下り始めているときは踏切に入ってはいけない

重要ポイント 2 踏切内では、歩行者や対向車に注意しながら、やや中央寄りを通行する。これは、左側への落輪《らくりん》を防止するため。

踏切を通過中は…

踏切内では、エンスト防止のため、ギアチェンジをしない

踏切内では、落輪を防止するため、歩行者や対向車に注意してやや中央寄りを通行する

踏切の向こう側が混雑しているときは、踏切内に入ってはいけない

踏切内で故障などのため動かなくなったときは、踏切支障報知装置などで一刻も早く列車の運転士などに知らせるとともに、車を踏切の外に移動させる

重要ポイント 3

坂道では、下りの車が上りの車に道を譲《ゆず》る。片側ががけになっている道では、がけ側の車が一時停止して道を譲る。

坂道の通行方法

上り坂の頂上付近は見通しが悪いので、徐行場所・追い越し禁止場所に指定されている

坂道では、下りの車が発進の難しい上りの車に道を譲る

近くに待避所があるときは、上りの車でも待避所に入って待つようにする

片側が転落の危険のあるがけになっている道路では、がけ側の車が一時停止して道を譲る

重要ポイント 4

昼間でも、トンネルの中や50メートル先が見えないような場所では前照灯《ぜんしょうとう》などをつけなければならない。

夜間走行、灯火、悪天候に関する注意点

夜間、道路を通行するときは、前照灯や尾灯などをつけなければならない

昼間でも、トンネルの中や濃い霧の中など、50メートル先が見えないような場所を通行するときは、前照灯などをつける

対向車と行き違うときや、他の車の直後を通行しているときは、前照灯を減光するか下向きに切り替える

交通量の多い市街地の道路などでは、つねに前照灯を下向きに切り替えて運転する

ぬかるみやじゃり道などの滑りやすい道路では、速度を落とし、一定の速度で通過する

雨の降り始めの舗装道路はとくに滑りやすいので、注意して運転する

雪道では、できるだけ車の通った跡（わだち）を選んで走ったほうがよい

霧のときは前照灯をつけたり、警音器を使用したりして、速度を落として運転する

16 緊急事態

試験に出る重要問題―緊急事態編

❶走行中、タイヤがパンクしたときは、急ブレーキをかけて車を止めるべきである。

❷交通事故が起きたときは、警察官が到着《とうちゃく》するまで、現場はそのままにしておく。

❸交通事故が発生したときは、まず事故が起きた状況《じょうきょう》などを警察官に報告することが最優先である。

❹大地震が発生して、車をやむを得ず道路上に置いて避難《ひなん》する場合は、道路の左端に寄せ、エンジンキーはつけたままにしておく。

❺スロットルが戻らなくなったときは、ただちに点火《てんか》スイッチを切る。

❻下り坂でブレーキが効《き》かなくなったときは、ギアをニュートラルに入れたほうがよい。

解答とポイント解説

❶**誤**　急ブレーキは避《さ》け、断続的《だんぞくてき》にブレーキをかけて車を止めます。

❷**誤**　事故の続発《ぞくはつ》防止のため、車を安全な場所に移動させます。

❸**誤**　まず、事故の続発防止措置《そち》をとり、負傷者を救護します。そして、事故の状況や負傷者の有無《うむ》について警察官に報告します。

❹**正**　車を移動できるように、エンジンキーはつけたままにしておきます。

❺**正**　点火スイッチを切ってエンジンの回転を止めることが大切です。

❻**誤**　ギアをニュートラルに入れると、エンジンブレーキが効きません。低速ギアに入れ、エンジンブレーキを活用して速度を落とします。

重要ポイント1

タイヤがパンクしたときの急ブレーキは禁物。エンジンブレーキで速度を落とし、ブレーキを使って車を止める。

スロットルが戻らない

ただちに点火スイッチを切って、エンジンの回転を止める。そして、ブレーキをかけて道路の左端に停止する

下り坂などでブレーキが効かない

すばやく減速チェンジをしてエンジンブレーキを効かせる。それでも止まらないときは、道路わきのじゃりなどに突っ込んだりして止める

タイヤがパンクした

ハンドルをしっかり握り、車の方向をまっすぐに立て直す。急ブレーキは避け、スロットルを戻して速度を落とし、速度が落ちたら徐々にブレーキをかけて車を止める

正面衝突のおそれが生じた

警音器とブレーキを使って、できるかぎり左端に避ける。道路外が安全な場所なときは、道路外に出て衝突を避ける

重要ポイント 2 交通事故が発生したとき、運転者などは次の措置《そち》をとる。①事故の続発《ぞくはつ》防止措置をとる、②負傷者を救護《きゅうご》する、③警察官へ報告する。

交通事故が発生したとき

①事故の続発防止措置をとる

他の交通の妨げにならないような安全な場所に車を止め、エンジンを切る

②負傷者を救護する

救急車が到着するまでの間に、止血などの可能な応急救護措置をする。頭部に傷を受けている場合は、むやみに動かさないこと

③警察官へ報告する

事故が起きた状況、負傷者などについて警察官へ報告して指示を受ける

重要ポイント 3

大地震などが発生して避難《ひなん》するときは、道路外に停止し、エンジンを止め、キーはつけたままにしておく。

警戒宣言が発せられたとき・大地震が発生したとき

急ハンドルや急ブレーキを避け、できるだけ安全な方法で道路の左端に停止させる

避難するために原動機付自転車を使用してはいけない

車を置いて避難するときは、道路外に停止させること。やむを得ず道路上に置いて避難するときは、道路の左側に寄せて止め、エンジンキーはつけたままにしておく

17 危険を予測した運転

イラスト見て、具体的に次のような危険を予測しよう

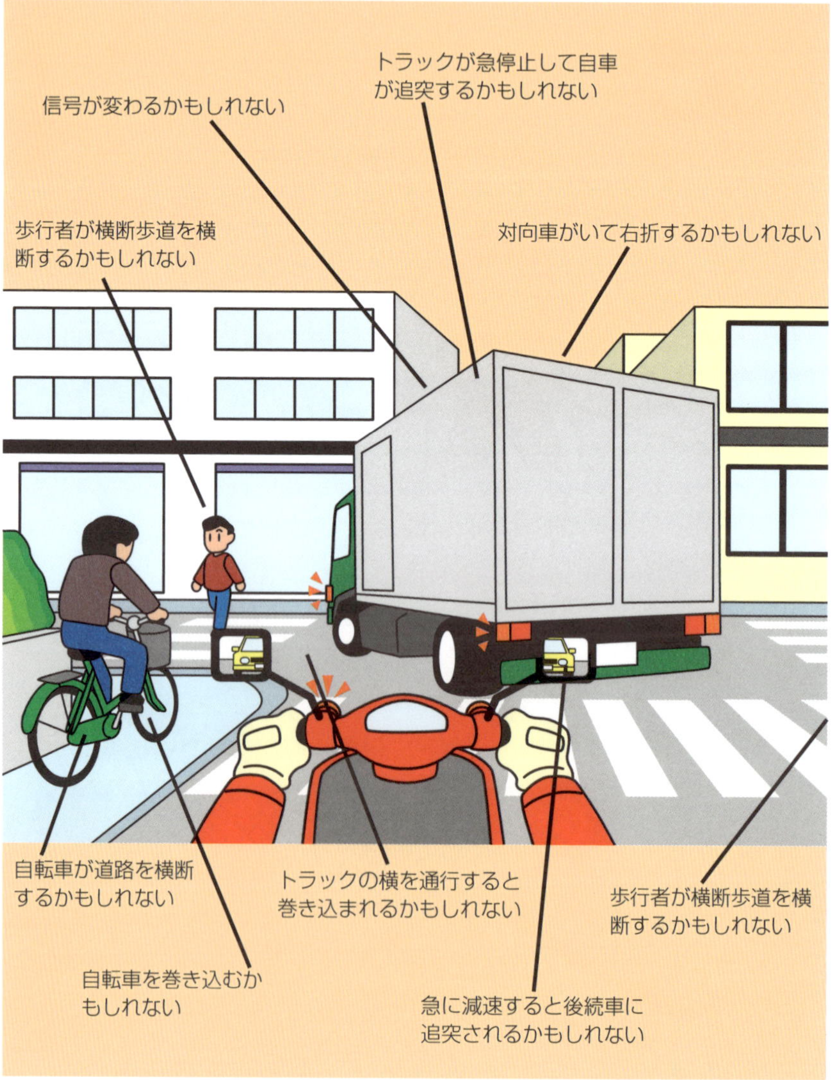
信号が変わるかもしれない
トラックが急停止して自車が追突するかもしれない
歩行者が横断歩道を横断するかもしれない
対向車がいて右折するかもしれない
自転車が道路を横断するかもしれない
トラックの横を通行すると巻き込まれるかもしれない
歩行者が横断歩道を横断するかもしれない
自転車を巻き込むかもしれない
急に減速すると後続車に追突されるかもしれない

2 実力テスト

簡単編

第1回 実力テスト

●制限時間30分
45点以上合格
●問47・48各2点
その他1点

次の問題のうち、正しいものには「正」の枠の中を、誤っているものは「誤」の枠の中を、塗りつぶしなさい。なお、イラスト問題は、(1)～(3)のすべてが正解した場合にかぎり得点になります。

問1 原動《げんどう》機《き》付《つき》自《じ》転車《てんしゃ》を運転するときは、運転免許証、強制保険証などがあるかどうかを確かめなければならない。

問2 1図の標識は、「指定方向外進行禁止」(右折禁止)の意味を表している。

1図

問3 車の速度が速いほど、近くのものがよく見え、遠くのものはぼやけて見えにくくなる。

問4 原動機付自転車に乗るときのヘルメットは、工事用安全帽でもよい。

問5 酒を飲むと判断力や注意力が減退し、運転能力が低下するので、たとえ少量でも酒を飲んだときは、運転してはいけない。

問6 追い越しが禁止されている場所でも、原動機付自転車なら追い越してもよい。

問7 二輪車を選ぶ場合、シートにまたがったとき、両足のつま先が地面に届かない車は、大きすぎて危険である。

問8 車を運転して交差点を通行中、緊急《きんきゅう》自動車が接近してきたときは、その場で一時停止しなければならない。

問9 2図の標識は、道路の中央以外を中央線として指定するときに表示されるものである。

2図

問10 停留所に停車中の路線バスが発進の合図をしたときは、後方の車は急いで路線バスの横を通過する。

正 誤 **問11** 交差点や交差点付近で緊急自動車が接近してきたときは、交差点を避け、道路の左側に寄り、一時停止しなければならない。

正 誤 **問12** 車両通行帯のある道路で前方の車を追い越そうとするときは、その車の左側を通行することができる。

正 誤 **問13** 路側帯《ろそくたい》とは、歩道のない道路で、歩行者の通行のためや車道の効用を保つために、白の線によって区分された道路の端の帯状の部分をいう。

正 誤 **問14** 道路の曲がり角付近は、見通しがよい悪いにかかわらず、徐行《じょこう》しなければならない。

正 誤 **問15** 3図の停止線がある場合、二輪の自動車、原動機付自転車、軽車両《けいしゃりょう》の停止位置は、前方の二輪の停止線の直前である。

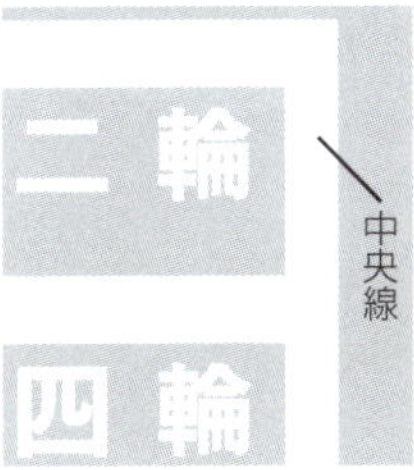

3図

正 誤 **問16** 交差点付近以外の一方通行の道路の右側部分を通行中、後方から緊急自動車が接近してきたときは、進路を譲らなくてもよい。

正 誤 **問17** 運転者は、マフラー（消音器）を取りはずしたり、改造したりした原動機付自転車を運転してはならない。

正 誤 **問18** 夜間、対向車の前照灯《ぜんしょうとう》がまぶしいときは、視点を左前方の道路上に移して、目がくらまないようにする。

正 誤 **問19** 警察官が腕を水平に上げているとき、警察官の身体に対面する交通については、信号機の赤色の灯火《とうか》と同じ意味である。

正 誤 **問20** 一方通行の道路で右折するときは、あらかじめ道路の右端に寄り、交差点の中心の内側を徐行しなければならない。

正 誤 **問21** 原動機付自転車は、車両通行帯のない道路では、道路の中央寄りを通行しなければならない。

正 誤 **問22** 原動機付自転車は、4図の標示のある車両通行帯を通行してはならない。

4図

正 誤 **問23** 購入《こうにゅう》したばかりの新車は完全に整備されているので、当分の間は日常《にちじょう》点検はしなくてもよい。

正 誤 **問24** 道路工事区域の端から5メートル以内の場所では、駐車も停車も禁止されている。

正 誤 **問25** 二輪車の特性を生かすには、周りの交通はあまり気にしないで、車の間を縫《ぬ》って敏速に走るとよい。

正 誤 **問26** 5図の標識のある区間内で、見通しの悪い交差点を通行するときは、標識がなくても警音《けいおん》器《き》を鳴らさなければならない。

5図

正 誤 **問27** 暗いトンネルに入ると、視力が急激に低下するので、あらかじめその手前で速度を落としておいたほうがよい。

正 誤 **問28** 徐行とは、車がただちに停止できるような速度で進行することをいい、その速度はおおよそ10キロメートル毎時以下をいう。

正 誤 **問29** 他の車より著《いちじる》しく遅い速度で進行すると、正常な交通を妨げ、追《つい》突《とつ》事故や衝突《しょうとつ》事故の原因になる。

正 誤 **問30** 車を運転中は、1点だけに長く気をとられることなく、全体に広く等しく注意を払うようにする。

正 誤 **問31** 6図のあるところでは、速度をおおむね2分の1に減速して通行しなければならない。

6図

正 誤 **問32** 道路の曲がり角に近づいたときは、カーブに入ってからブレーキをかけて減速すればよい。

正 誤 **問33** 原動機付自転車の法定最高速度は30キロメートル毎時だが、追い越しをするときは、必要最小限度この速度を超えてもよい。

正 誤 **問34** 車がカーブで道路外に飛び出すのは、ハンドル操作が原因であって、そのときの速度には関係がない。

正 誤 **問35** 停留所に止まっている路線バスが発進の合図をしたので、警音器を鳴らして路線バスに注意を与え、その側方を通過した。

正 誤 **問36** 運転中は、携帯電話の使用をやめるか、運転する前に電源を切るなどして呼出音が鳴らないようにしておく。

正 誤 **問37** タイヤのみぞ（トレッド）がすり減ると、雨の日にスリップしやすくなり、停止距離も長くなる。

正 誤 **問38** 山道では、自分が通行区分を守って走っていても、カーブなどで対向車が中央線を越えて走ってくることがあるので十分注意する。

正 誤 **問39** 7図の標識のある道路は、二輪の自動車、原動機付自転車ともに通行することができない。

7図

正 誤 **問40** 前方の信号が右向きの青色の矢印を表示しているとき、原動機付自転車は、矢印の方向に進むことができる交差点と、できない交差点の2通りがある。

正 誤 **問41** 車が衝突したときの衝撃力《しょうげきりょく》は、速度や重量などには関係なく、つねに一定である。

正 誤 **問42** 幼児が数人道路で遊んでいたが、こちらを向いていたので安全だと思い、そのそばを減速しないで通過した。

正 誤 **問43** 交通整理の行われている片側3車線以上の交差点で、原動機付自転車が右折するときは、標識などによる指定がなければ二段階の方法によって右折しなければならない。

正 誤 **問44** 車は、道路の損壊《そんかい》や道路工事その他の障害のため、左側部分を通行できないときは、最小限度右側にはみ出して通行してもよい。

正 誤 **問45** 車を運転する場合、交通規制を守ることは道路を安全に通行するための基本であるが、事故を起こさない自信があれば必ずしも守る必要はない。

正 誤 **問46** 信号待ちをしていて、信号が青色になったときは、「進め」の命令の意味なので、ただちに発進しなければならない。

問47 30キロメートル毎時で進行しています。自転車に乗っている人が振り返って自車のほうを見ています。どのようなことに注意して運転しますか？

正 誤 **(1)** 自転車が道路を横断するかもしれないので、急いで速度を落として自転車の横断に備える。

正 誤 **(2)** 自転車が道路を横断するかもしれないので、後続車に注意しながらブレーキを数回に分けてかけて速度を落とす。

正 誤 **(3)** 自転車は前方の横断歩道を渡ると思うので、このままの速度で進行する。

問48 30キロメートル毎時で進行しています。どのようなことに注意して運転しますか？

正 誤 **(1)** 前方の車がブレーキをかけているので、追突しないように急ブレーキをかけて速度を落とす。

正 誤 **(2)** 前方の車がブレーキをかけているが、鉄板が雨に濡《ぬ》れて滑《すべ》りやすい状況《じょうきょう》なので、ブレーキを使わずにこのままの速度で進行する。

正 誤 **(3)** 鉄板が雨に濡れてスリップや転倒するおそれがあるので、ブレーキを数回に分けて使い、速度を落として進行する。

簡単編 第1回 実力テスト

正解とワンポイント解説

問1 ＝正 運転免許証を携帯《けいたい》し、強制保険証などを車に備えつけて運転しなければなりません。

問2 ＝正 この標識は、矢印以外の方向へ進行することを禁止しています。

問3 ＝誤 遠くはよく見えても、近くのものは流れて見えにくくなります。

問4 ＝誤 工事用安全帽では、運転してはいけません。必ず乗車用ヘルメットをかぶりましょう。

問5 ＝正 たとえ少量であっても、酒を飲んで運転してはいけません。

問6 ＝誤 追い越し禁止場所では、原動《げんどう》機《き》付《つき》自《じ》転車《てんしゃ》であっても追い越しをしてはいけません。

問7 ＝正 両足が地面に届かない車は、体に比較して大きすぎ、停止したときにバランスを失って横転《おうてん》する危険があります。

問8 ＝誤 交差点を出て道路の左側に寄り、一時停止しなければなりません。

問9 ＝正 時間によって片側の交通が極端に多くなる場合、この標識を移動させて片側の車線を多くするときに表示します。

問10＝誤 急ブレーキや急ハンドルで避けなければならないときを除いて、路線バスの発進を妨げてはいけません。

問11＝正 緊急《きんきゅう》自動車に進路を譲《ゆず》るために、交差点を避け、道路の左側に寄り、一時停止します。

問12＝誤 すぐ右側の車両通行帯に入って追い越すのが原則です。

問13＝正 路側帯《ろそくたい》には、歩行者用路側帯や駐停車禁止路側帯などがあります。

問14＝正 たとえ見通しがよくても、徐行《じょこう》しなければなりません。

問15＝正 二段停止線の二輪の標示は、二輪の自動車、原動機付自転車、軽《けい》車両《しゃりょう》の停止する位置を表しています。

問16＝誤 一方通行の道路であっても、緊急自動車の進行を妨げないときは、左側に寄って進路を譲らなければなりません。

問17＝正 マフラー（消音器）を取りはずしたり、切断したりするなど、改造して運転してはいけません。

問18＝正 げん惑《わく》されないようにするには、視点を左前方（左下方）の道路上に向けます。

問19＝正 警察官の身体に対面する交通は赤色、身体に平行する交通は青色の灯火《とうか》と同じ意味です。

問20＝正 対面通行の場合は道路の中央に寄りますが、一方通行の道路では道路の右端に寄って右折します。

問21＝誤 道路の左側部分の左端に寄って、通行しなければなりません。

問22＝誤 原動機付自転車、小型特殊自動車、軽車両は、バス専用通行帯を通行できます。

問23＝誤 日常《にちじょう》点検は、新車・使用車にかかわらず、適切な時期に行わなければなりません。

問24＝誤 駐車は禁止されていますが、停車は禁止されていません。

問25＝誤 他の車の運転者から見落とされる危険があるので十分に注意し、車の間を縫《ぬ》って走るようなことをしてはいけません。

問26＝正 見通しの悪い交差点、曲がり角、坂の頂上付近を通るときに鳴らさなければなりません。

問27＝正 明るいところから急に暗いところに入ると、目が慣れるまで視力が著《いちじる》しく低下するので、減速して進入しないと危険です。

問28＝正 ただちに停止できるような速度とは、ブレーキを操作してから停止するまでの距離が１メートル以内になるような速度をいいます。

問29＝正 交通の流れよりも著しく遅い速度で走ると、後続車の障害になり、事故を発生させる原因になります。

問30＝正 １点だけに長く気をとられるのは、わき見と同じで危険です。

問31＝誤 徐行とは、すぐに停止できる速度で進行することをいい、その速度はおおむね10キロメートル毎時以下です。

問32＝誤 カーブの手前の直線部分で減速しないと危険です。

問33＝誤 原付車は30キロメートル毎時を超える速度で運転してはいけません。追い越しは、30キロメートル毎時以下の速度で行います。

問34＝誤 速度の出しすぎによる遠心力《えんしんりょく》の作用も車が道路外に飛び出す原因です。

問35＝誤 警音器は鳴らさず、路線バスの発進を妨げないように、減速や徐行などをします。

問36＝正 運転中は、原則として、携帯電話を使用してはいけません。

問37＝正 トレッドがすり減ると、摩擦《まさつ》がなくなって滑《すべ》りやすくなります。

問38＝正 対向車が中央線からはみ出してくることに注意し、減速して左側寄りを進行するようにします。

問39＝正 この標識は、「二輪の自動車・原動機付自転車通行止め」を表しています。

問40＝正 二段階の方法で右折する場合と、道路の中央に寄って右折する場合の2通りがあります。

問41＝誤 衝撃力《しょうげきりょく》は、速度の2乗に比例し（速度が2倍になると4倍になり）、重量に比例します（重量が2倍になると2倍になる）。

問42＝誤 幼児は、突然、予測できない行動をとることがあるので、一時停止か徐行をして保護します。

問43＝正 片側3車線以上の交差点や、標識で二段階右折が指定されている場合は、二段階右折をしなければなりません。

問44＝正 右側部分にはみ出して通行できますが、そのはみ出し方ができるだけ少なくなるようにしなければなりません。

問45＝誤 たとえ事故を起こさない自信があっても、交通規制は必ず守らなければなりません。

問46＝誤 「進め」の命令ではありません。歩行者や他の車の状況《じょうきょう》を確認したうえで、進むことができます。

問47

(1)＝誤 急いで速度を落とすと、後続車に追突《ついとつ》されるおそれがあります。

(2)＝正 後続車に注意しながら速度を落とし、自転車の横断に備えます。

(3)＝誤 自転車は、横断歩道を渡るとは限りません。

問48

(1)＝誤 急ブレーキをかけると、スリップや転倒《てんとう》するおそれがあります。

(2)＝誤 このままの速度で進行すると、前車に追突するおそれがあります。

(3)＝正 滑《すべ》りやすい路面では、ブレーキを数回に分けて速度を落とします。

簡単編

第2回 実力テスト

●制限時間30分
45点以上合格
●問47・48各2点
その他1点

次の問題のうち、正しいものには「正」の枠の中を、誤っているものは「誤」の枠の中を、塗りつぶしなさい。なお、イラスト問題は、(1)～(3)のすべてが正解した場合にかぎり得点になります。

正 誤 **問1** 前方の信号が青色を表示していても、交通の混雑のため、交差点の中で動きがとれなくなるようなときは、進行してはならない。

正 誤 **問2** 車間《しゃかん》距離は、運転経験が豊富になり運転技量も上達すれば、短くしてよい。

正 誤 **問3** 1図の標識は、2種類ある「踏切あり」の標識のうちの1つである。

1図

正 誤 **問4** 発進するときは、方向指示器で合図をすれば、安全を確認する必要はない。

正 誤 **問5** 信号待ちしている前車が、青信号に変わっても発進しなかったので、警音器《けいおんき》を鳴らして発進を促した。

正 誤 **問6** 小型特殊自動車、原動機付自転車《げんどうきつきじてんしゃ》、軽車両《けいしゃりょう》は、路線バス専用通行帯を通行できる。

正 誤 **問7** 車の制動《せいどう》距離は、速度が2倍になると、約4倍に長くなる。

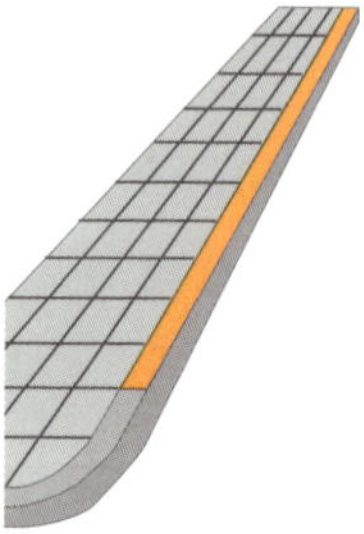

2図

正 誤 **問8** 2図の標示のある道路では、人の乗り降りのための停止はすることができる。

正 誤 **問9** 車両通行帯のある道路で指定された区分に従って通行しているときは、緊急《きんきゅう》自動車が近づいてきても、進路を譲《ゆず》らずそのまま通行してもよい。

正 誤 **問10** 日常《にちじょう》点検のとき、尾灯《びとう》が故障《こしょう》していたが、夕方までには帰る予定だったので、そのまま運転して出かけた。

正 誤 **問11** 右折や左折の合図をする時期は、右折や左折をしようとする地点から30メートル手前の地点に達したときである。

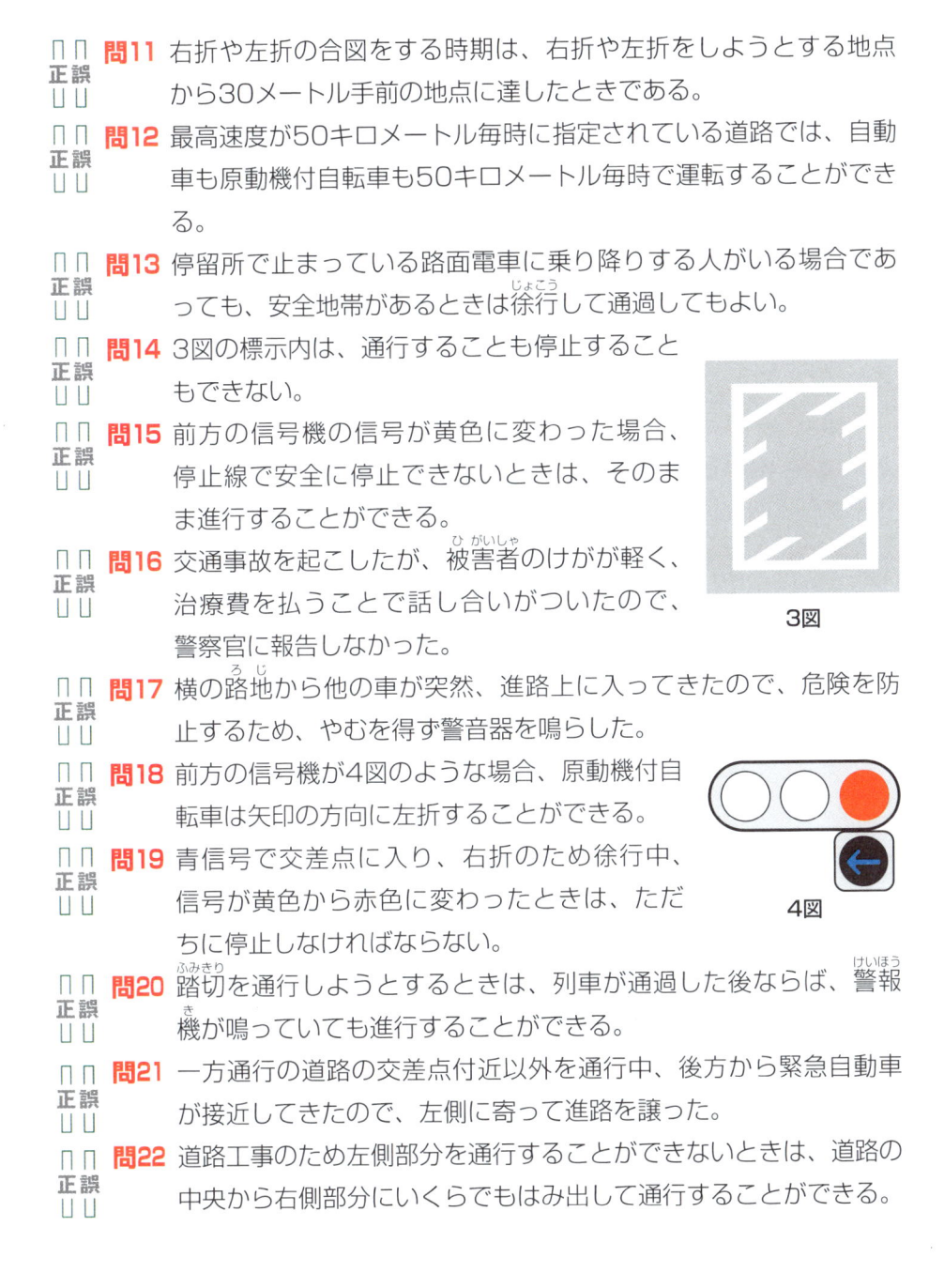

正 誤 **問12** 最高速度が50キロメートル毎時に指定されている道路では、自動車も原動機付自転車も50キロメートル毎時で運転することができる。

正 誤 **問13** 停留所で止まっている路面電車に乗り降りする人がいる場合であっても、安全地帯があるときは徐行《じょこう》して通過してもよい。

正 誤 **問14** 3図の標示内は、通行することも停止することもできない。

3図

正 誤 **問15** 前方の信号機の信号が黄色に変わった場合、停止線で安全に停止できないときは、そのまま進行することができる。

正 誤 **問16** 交通事故を起こしたが、被《ひ》害者《がいしゃ》のけがが軽く、治療費を払うことで話し合いがついたので、警察官に報告しなかった。

正 誤 **問17** 横の路地《ろじ》から他の車が突然、進路上に入ってきたので、危険を防止するため、やむを得ず警音器を鳴らした。

正 誤 **問18** 前方の信号機が4図のような場合、原動機付自転車は矢印の方向に左折することができる。

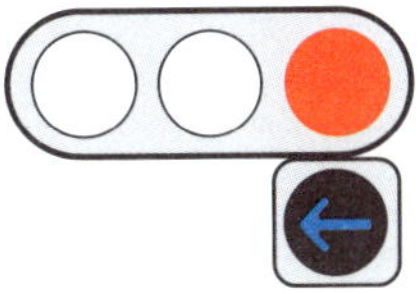

4図

正 誤 **問19** 青信号で交差点に入り、右折のため徐行中、信号が黄色から赤色に変わったときは、ただちに停止しなければならない。

正 誤 **問20** 踏切《ふみきり》を通行しようとするときは、列車が通過した後ならば、警報《けいほう》機《き》が鳴っていても進行することができる。

正 誤 **問21** 一方通行の道路の交差点付近以外を通行中、後方から緊急自動車が接近してきたので、左側に寄って進路を譲った。

正 誤 **問22** 道路工事のため左側部分を通行することができないときは、道路の中央から右側部分にいくらでもはみ出して通行することができる。

正 誤 **問23** 5図の標識のある道路での原動機付自転車の最高速度は、40キロメートル毎時である。

5図

正 誤 **問24** 交通が渋滞していて、横断歩道の上で停止するおそれがあったが、歩行者が通行していなかったので、そのまま進行した。

正 誤 **問25** 道路は多数の人や車が通行するところであるから、自分1人くらい交通ルールを無視して通行しても、まわりに迷惑《めいわく》をかけることはない。

正 誤 **問26** 坂の頂上付近は徐行すべき場所であるが、こう配《ばい》の急な下り坂では徐行する必要はない。

正 誤 **問27** 雨に濡《ぬ》れているアスファルト道路は、路面とタイヤの摩擦《まさつ》抵抗が小さくなって、車の停止距離が長くなる。

正 誤 **問28** 一時停止の標識がある交差点でも、左右の見通しがきいて交通のないときは、徐行して通行できる。

正 誤 **問29** 車は、歩道と車道の区別のある道路では、原則として車道を通行しなければならないが、道路に面した場所に出入りするために歩道を横切るときは、歩道を通行することができる。

正 誤 **問30** 6図の標識は、「前方に強い横風を受けるところがあるので注意せよ」という意味を表している。

6図

正 誤 **問31** 横断歩道は、横断する人がいないことが明らかな場合でも、横断歩道の直前でいつでも停止できるように減速して進むべきである。

正 誤 **問32** 片側3車線の道路の交差点で、青色の右折の矢印信号に対面した原動機付自転車は、黄色や赤色の灯火信号であっても、いつでも矢印の方向へ右折することができる。

正 誤 **問33** 踏切の直前で安全確認のために停止している車の横を通過して、その前方に入って停止してはならない。

正 誤 **問34** トンネルの中は、車両通行帯がないときは追い越しが禁止されているが、車両通行帯があるときは禁止されていない。

□正 □誤 **問35** スロットルグリップを回したとき、ワイヤーが引っ掛かって戻らなくなったので、点火《てんか》スイッチを切った。

□正 □誤 **問36** 児童や幼児が乗り降りのため停止している通学通園バスのそばを通るときは、バスとの間に安全な間隔《かんかく》がとれれば徐行する必要はない。

□正 □誤 **問37** 7図の標識のある道路を許可を受けて通行する車は、徐行しなければならない。

7図

□正 □誤 **問38** 強風の日は、横風でハンドルを取られることがあるので、速度を落として運転したほうが安全である。

□正 □誤 **問39** 交通が渋滞しているときは、やむを得ないので、停止禁止部分の中で停止することができる。

□正 □誤 **問40** 制動《せいどう》するとき、ブレーキを数回に分けてかけると、後続車に迷惑《めいわく》になるので避けたほうがよい。

□正 □誤 **問41** 車両通行帯が黄色の線で区画されているときは、原則として、その黄色の線を越えて進路を変更してはならない。

□正 □誤 **問42** 前方の車を追い越すときは、追い越される車との間に、安全な間《かん》隔《かく》を保たなければならない。

□正 □誤 **問43** 駐停車するとき、路側帯《ろそくたい》の幅が狭い場合は、路側帯の中に入らず、車道の左端に沿って駐停車する。

□正 □誤 **問44** ブレーキレバーの遊びは、多ければ多いほどブレーキはよく効《き》く。

□正 □誤 **問45** 歩道も路側帯もない狭い道路で対向車と行き違うため左端に寄るときは、路肩《ろかた》の崩れに注意する。

□正 □誤 **問46** 交通が混雑《こんざつ》しているときは、2つの車両通行帯にまたがって通行してもよい。

問47 30キロメートル毎時で進行しています。どのようなことに注意して運転しますか？

正 誤 **(1)** 対向車はいない様子なので、加速して自転車と駐車車両を一気に追い越す。

正 誤 **(2)** 自転車は自分の車の接近に気づいていて、自分の前に出てくるおそれはないと思うので、このまま進行する。

正 誤 **(3)** 自転車が自分の車の前に出てくるかもしれないので、速度を落とし、駐車車両の横を通過するまで自転車に追従《ついじゅう》する。

問48 20キロメートル毎時でスーパーマーケットの駐車場を進行しています。どのようなことに注意して運転しますか？

正 誤 **(1)** 左側の駐車スペースから出ようとするワゴン車は、自車の接近に気づいていないかもしれないので、一時停止して様子を見る。

正 誤 **(2)** 駐車車両の間から歩行者が飛び出してくるかもしれないので、いつでも止まれる速度に落とし、歩行者の飛び出しに備える。

正 誤 **(3)** 左側のワゴン車以外にも駐車スペースから出ようとする車がいるかもしれないので、いつでも止まれる速度に落とし、急な発進に備える。

簡単編 第2回 実力テスト

正解とワンポイント解説

問1 ＝正 青信号でも、前方が混雑していて交差点を通過できないようなときは、進行してはいけません。

問2 ＝誤 運転経験や技量には関係なく、速度や路面、タイヤや車の状況《じょうきょう》などから判断して、安全な車間《しゃかん》距離を選びます。

問3 ＝正 「踏切あり」の標識には、電車と蒸気機関車の2種類があります。

問4 ＝誤 バックミラー（後写鏡《こうしゃきょう》）だけでなく、直接目視《もくし》して、安全を確認して発進しなければなりません。

問5 ＝誤 信号の先が渋滞《じゅうたい》しているなど、交差点に進入できない場合もあるので、警音器《けいおんき》は鳴らさずに、前車の発進を待ちます。

問6 ＝正 その他の車は、左折や工事などでやむを得ない場合を除き、通行してはいけません。

問7 ＝正 制動《せいどう》距離は、速度の2剰に比例して長くなります。

問8 ＝誤 人の乗り降りのための停止は「停車」になりますが、図の標示は「駐停車禁止」を表すので、停止できません。

問9 ＝誤 指定された通行区分に従う必要はなく、緊急《きんきゅう》自動車に進路を譲《ゆず》らなければなりません。

問10＝誤 昼間でも灯火《とうか》をつけなければならない場合があるので、修理をした後でなければ、運転してはいけません。

問11＝正 右左折の合図の時期は、3秒前ではなく、右左折をする30メートル手前の地点です。

問12＝誤 時速50キロの指定があっても、原動機付自転車の最高速度は30キロメートル毎時です。

問13＝正 安全地帯がないときは一時停止して待たなければなりませんが、あるときは徐行《じょこう》して通過することができます。

問14＝誤 この標示は「停止禁止部分」を表します。通行することはできますが、停止することはできません。

問15＝正 安全に停止することができないときは、進行することができます。

問16＝誤 事故措置《そち》の中には、警察官への事故報告の義務も課《か》せられています。

問17＝正 危険防止のためであれば、警音器を鳴らすことができます。

問18＝正 赤色の灯火信号の下に左向きの青色の矢印が表示されているときは、原動機付自転車は、矢印に従って左折することができます。

問19＝誤 交差点内で右折中に信号が変わったときは、そのまま進行して交差点を出ることができます。

問20＝誤 警報《けいほう》機《き》が鳴っている間は、踏切に入ってはいけません。

問21＝正 近くに交差点がないところでは、原則として左側に寄って進路を譲ります。

問22＝誤 道路工事で左側部分を通行できないときは、右側部分にはみ出して通行することができますが、最小限度にしなければなりません。

問23＝誤 原動機付自転車の最高速度は30キロメートル毎時です。

問24＝誤 横断歩道の上で停止するような状況のときは、歩行者が通行していなくても進行してはいけません。

問25＝誤 交通ルールを守ることは、交通事故を防止し、交通の秩序《ちつじょ》を保つことにつながります。

問26＝誤 坂の頂上付近とこう配《ばい》の急な下り坂は徐行場所に指定されています。こう配の急な上り坂では徐行する必要はありません。

問27＝正 雨に濡《ぬ》れると非常に滑《すべ》りやすいので注意が必要です。

問28＝誤 警察官などの交通整理が行われていないかぎり、一時停止した後でなければ、進行することはできません。

問29＝正 その直前で一時停止し、安全を確認してから横切ります。

問30＝正 「前方50～200メートルの間に、強い横風の吹くところがあるので注意せよ」ということを表す警戒《けいかい》標識です。

問31＝誤 明らかに横断する人がいない場合は、減速する必要はなく、そのまま進行することができます。

問32＝誤 3車線以上の道路の交差点では、青色の右折の矢印信号が表示されても、「右折小回り」の標識がある場合を除き、右折できません。

問33＝正 法令の規定で停止している車の前に入って停止すると、割り込み違反になります。

問34＝正 車両通行帯があるトンネル内では、追い越しは禁止されていません。

問35＝正 エンジンが高速回転して車が暴走《ぼうそう》するのを防ぐため、エンジンスイッチを切ります。

問36＝誤 児童や幼児が急に飛び出してくることを予測して、徐行して安全を確かめなければなりません。

問37＝正 歩行者専用道路を通行する車は、歩行者に注意して徐行しなければなりません。

問38＝正 二輪車の場合、強い横風を受けると転倒することがあるので、速度を落として慎重《しんちょう》に運転します。

問39＝誤 停止禁止部分の中で停止するようなときは、進行してはいけません。

問40＝誤 ブレーキ灯《とう》が点滅するので、ブレーキをかけた合図になり、後続車に追突《ついとつ》されるのを防ぐのに役立ちます。

問41＝正 黄色の線の車両通行帯は、進路変更禁止の標示です。

問42＝正 追い越される車が不注意に進路を変更してきても、接触が避けられるくらいの十分な間隔《かんかく》をとる必要があります。

問43＝正 歩行者が通行できるように路《ろ》側帯《そくたい》に入らず、車道の左端に沿って止めます。

問44＝誤 ブレーキの遊びが多すぎるとブレーキが効かなくなります。

問45＝正 雨上がりや雪解《ど》けの後など、路《ろ》肩《かた》は崩《くず》れやすくなっているので、行き違うときは注意が必要です。

問46＝誤 たとえ交通が混雑《こんざつ》していても、2つの車両通行帯にまたがって通行してはいけません。

問47

(1)＝誤 自転車が自車の前に出てくるおそれがあります。

(2)＝誤 自転車は、自車の接近に気づいているとは限りません。

(3)＝正 自転車が出てくるおそれがあるので、速度を落として追従《ついじゅう》します。

問48

(1)＝正 ワゴン車の動きを予測し、一時停止して様子を見ます。

(2)＝正 歩行者の飛び出しに備え、いつでも止まれる速度に落とします。

(3)＝正 ワゴン車以外の車にも注意し、減速して急な発進に備えます。

難問編

第1回 実力テスト

●制限時間30分
45点以上合格
●問47・48各2点
その他１点

次の問題のうち、正しいものには「正」の枠の中を、誤っているものは「誤」の枠の中を、塗りつぶしなさい。なお、イラスト問題は、（1）～（3）のすべてが正解した場合にかぎり得点になります。

正 誤 **問1** 右側に3メートルしか残せない道路に車を止め、運転者が買い物をするため、ただちに運転できない状態で4分間、車から離れた。

正 誤 **問2** 警察官が灯火《とうか》を横に振っている信号は、灯火が振られている方向に進行する交通に対しては、信号機の黄色の灯火信号と同じ意味である。

正 誤 **問3** 歩道も路側帯《ろそくたい》もない道路に駐車するときは、車の左側に0.75メートルの余地を残さなければならない。

正 誤 **問4** 左右の見通しのきかない交差点では、優先道路を通行していても、徐行《じょこう》しなければならない。

正 誤 **問5** １図のある場所から3メートルのところに車を止め、運転者が約8分かかって荷物をおろした。

1図

正 誤 **問6** こう配《ばい》の急な坂でも、危険を避けるためやむを得ないときは、停止することができる。

正 誤 **問7** 上り坂の頂上付近で、前車が右折するため道路の中央に寄ったので、その左側を追い越した。

正 誤 **問8** 歩行者用道路は、沿道に車庫や駐車場があるなどの理由で警察署長の許可を受けた車以外は、通行することができない。

正 誤 **問9** 通行している道路上に2図の標示があるときは、「交差する前方の道路が優先道路である」ことを表している。

2図

正 誤 **問10** 車は、安全地帯のない停留所で乗客の乗り降りのために停車している路面電車に追いついたときは、その横を徐行して通過しなければならない。

正 誤 **問11** 道路の曲がり角から5メートル以内の場所は、駐車は禁止されているが停車はできる。

正 誤 **問12** 夜間、他の自動車の直後を進行するとき、前車の前方がよく見えるように、前照灯《ぜんしょうとう》を上向きにした。

正 誤 **問13** 道路上に駐車する場合、特定の村の区域内の道路を除いて同じ場所に引き続き8時間（夜間は12時間）以上駐車してはならない。

正 誤 **問14** 一方通行の道路で駐車場に入るため右折するときは、道路の右端に寄らなければならない。

正 誤 **問15** 3図の標識のある場所は、速度を10キロメートル毎時以下に落として進行する。

3図

正 誤 **問16** 車は、路面電車の運行終了後ならば、安全地帯の左側に駐車や停車をすることができる。

正 誤 **問17** 片側ががけになっている道路で安全な行き違いができないときは、がけ側の車が安全な場所に停止して、道を譲《ゆず》るようにする。

正 誤 **問18** 4図の標識のあるところで、見通しのきかない上り坂の頂上を通行するときは、警音《けいおん》器《き》を鳴らして徐行しなければならない。

4図

正 誤 **問19** 原動《げんどう》機《き》付《つき》自《じ》転車《てんしゃ》に荷物を積むとき、積み荷の幅は荷台から左右にそれぞれ0.15メートルを超えてはならない。

正 誤 **問20** 児童・幼児の乗り降りのため停車しているスクールバスのそばを通るときは、徐行して安全を確認しなければならない。

正 誤 **問21** 5図のような形の標識は、規制標識の「一時停止」と「徐行」の2種類しかない。

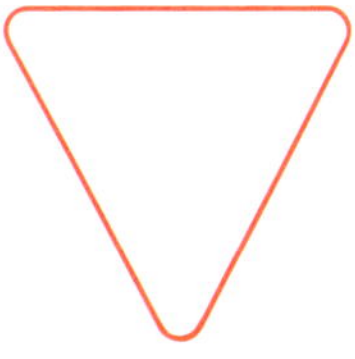
5図

正 誤 **問22** 交通事故が起きた場合、事故現場はのちに現場検証をするので、警察官が来るまでそのままにしておかなければならない。

正 誤 **問23** タイヤと路面の摩擦《まさつ》は、空走《くうそう》距離と制動《せいどう》距離に大きな関係がある。

正 誤 **問24** 横断歩道を横断する人がいないときは、その手前30メートル以内の場所であっても、追い越しや追い抜きをすることができる。

正 誤 **問25** 6図の標識のある道路の右側部分を通行中、緊急《きんきゅう》自動車が接近してきた場合は、原則として、道路の左側に寄って進路を譲《ゆず》る。

6図

正 誤 **問26** 交差点とその端から10メートル以内の場所は、駐車も停車も禁止されている。

正 誤 **問27** 7図の路側帯のある道路で駐車するときは、路側帯に入り、車の左側に0.75メートル以上の余地を残さなければならない。

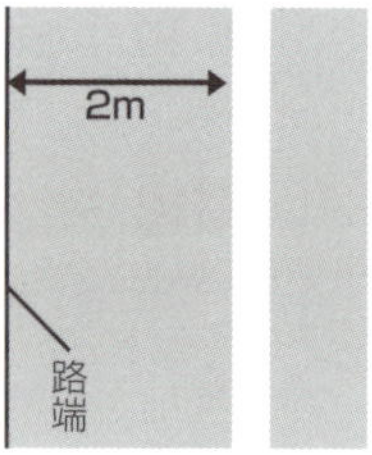

7図

正 誤 **問28** 道路の中央を走っている路面電車を追い越すときは、その左側を通行する。

正 誤 **問29** 交差点で右折するときの合図は、その交差点から30メートル手前の地点に達したときに、行わなければならない。

正 誤 **問30** 8図の標示は、道路の右側部分にはみ出して通行してもよいことを示している。

8図

正 誤 **問31** 二輪の原動機付自転車のエンジンを止めて押して歩くときは、歩道や路側帯を通行することができる。

正 誤 **問32** 9図の標識は、「学童が多く横断する横断歩道」を表している。

9図

正 誤 **問33** 止まっている車のそばを通るときは、車のかげから人が飛び出したり急にドアが開いたりすることがあるので、必ず一時停止か徐行しなければならない。

問34 車が衝突《しょうとつ》したときの衝撃力《しょうげきりょく》は、速度が2倍になると2倍に、速度が3倍になると3倍になる。

問35 見通しのきく道路の曲がり角付近は、追い越し禁止の場所でも徐行すべき場所でもない。

問36 10図の標示は、車の駐停車と軽車両《けいしゃりょう》の通行が禁止されている「歩行者用路側帯」である。

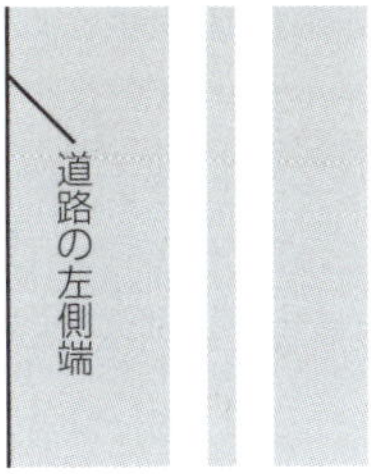

10図

問37 進路の前方を通行に支障《ししょう》のある身体障害者が通行しているときは、警音器《けいおんき》を鳴らして注意を与え、すばやくその横を通過したほうがよい。

問38 故障《こしょう》して動けなくなった車でも継続して車を止めておくことは駐車になるので、駐車禁止の場所に長時間止めておいてはいけない。

問39 信号機のある交差点で、停止線のないときの停止位置は交差点の直前である。

問40 11図の表示板のある道路で駐車するときは、60分を超える駐車をするときにかぎり、パーキング・メーターを作動《さどう》させなければならない。

11図

問41 左側部分の道路の幅が6メートル以上あっても、追い越し禁止の場所でなければ、右側部分にはみ出して追い越しをすることができる。

問42 正面の信号が黄色の点滅をしているときは、車は徐行して進まなければならない。

問43 積雪《せきせつ》のため停止線の標示が見えなかったが、12図の標識があったので、その手前で停止した。

12図

問44 車が衝突したときの衝撃力は、そのときの速度や重量に関係なく、つねに一定である。

問45 運転者の視野《しや》は、高速になるほど広くなり、近くのものがよく見えるようになる。

問46 車とは、自動車、原動機付自転車、軽車両《けいしゃりょう》のことをいう。

問47 5キロメートル毎時で進行しています。交差点を右折するときは、どのようなことに注意して運転しますか？

正 誤 **(1)** バスのうしろの状況《じょうきょう》がわからないので、バスが通過したあと、様子をよく確かめてから右折する。

正 誤 **(2)** バスのうしろには車がいないと思うので、バスが通過したあとすぐに右折する。

正 誤 **(3)** バスは、自分の車が右折するのを待ってくれると思うので、すぐに右折する。

問48 30キロメートル毎時で進行しています。交差点を直進《ちょくしん》するときは、どのようなことに注意して運転しますか？

正 誤 **(1)** 対向車は、左側に横断する歩行者がいて停止すると思うので、このままの速度で進行する。

正 誤 **(2)** 対向車は、急に右折するかもしれないので、速度を落とし、注意しながら進行する。

正 誤 **(3)** 対向車は、急に右折するかもしれないので、警音《けいおん》器《き》を鳴らし、速度を上げて進行する。

難問編 第1回 実力テスト

正解とワンポイント解説

問1 ＝誤 ただちに運転できない状態の停止は「駐車」ですから、右側に3.5メートル以上の余地を残さなければなりません。

問2 ＝誤 灯火《とうか》が横に振られている方向に進行する交通に対しては、信号機の青色の灯火信号と同じ意味です。

問3 ＝誤 歩道も路側帯《ろそくたい》もない道路では、道路の左側端《さそくたん》に沿って駐車させなければなりません。

問4 ＝誤 優先道路を通行しているときは、徐行《じょこう》の義務はありません。

問5 ＝誤 消化栓《せん》、指定消防水利の標識から5メートル以内は駐車禁止ですから、5分以内で荷物をおろして、その場を去らなければなりません。

問6 ＝正 危険を防止するためやむを得ないときは、駐停車禁止の場所であっても、停止することができます。

問7 ＝誤 上り坂の頂上付近は、法定の追い越し禁止の場所です。

問8 ＝正 沿道に車庫や駐車場があるなどで警察署長の許可を受けた車だけが通行できます。そのときは、とくに歩行者に注意して徐行しなければなりません。

問9 ＝正 2図は、「前方優先道路」を表す指示標示です。

問10＝誤 安全地帯のない停留所で路面電車に乗客が乗り降りしているときは、１人もいなくなるまで後方で停止していなければなりません。

問11＝誤 曲がり角から5メートル以内は、駐車も停車も禁止されています。

問12＝誤 前車の運転者がバックミラーに反射した光を受けてげん惑《わく》されないように、下向きにするか減光《げんこう》して運転します。

問13＝誤 同じ場所に引き続き12時間（夜間は8時間）以上駐車してはいけません。

問14＝正 一方通行の道路での右折は、道路の右端に寄って行わなければなりません。

問15＝正 こう配《ばい》の急な下り坂は徐行場所に指定されています。10キロメートル毎時以下の徐行の速度に落として進行します。

問16＝誤 安全地帯の左側とその前後10メートル以内は、終日駐停車禁止です。

問17＝正 転落《てんらく》の危険のあるがけ側の車が安全な場所に停止して、対向車と行き違うようにします。

問18＝正 見通しのきかない坂の頂上付近は警笛《けいてき》区間内の定められた場所ですから、警音《けいおん》器《き》を鳴らし、さらに徐行しなければなりません。

問19＝正 左右にそれぞれ0.15メートル以内であれば、積むことができます。

問20＝正 スクールバスの前後を横断する児童・幼児を保護するため、徐行して安全を確かめながら通行しなければなりません。

問21＝正 逆三角形の標識は、設問の2種類だけです。

問22＝誤 事故の続発《ぞくはつ》を防止するため車を移動し、負傷者の救護《きゅうご》に当たらなければなりません。

問23＝誤 制動距離には大きく関係しますが、空走《くうそう》距離には関係しません。

問24＝誤 横断歩道とその手前30メートル以内は、横断する人の有《う》無《む》に関係なく、追い越し・追い抜きともに禁止です。

問25＝正 左側に寄ると緊急《きんきゅう》自動車の進路を妨げる場合は、右側に寄って進路を譲《ゆず》ります。

問26＝誤 10メートル以内ではなく、その端から5メートル以内の場所が駐停車禁止場所です。

問27＝正 路側帯に入って、車の左側に0.75メートル以上の余地を残して駐車しなければなりません。

問28＝正 道路の中央を走る路面電車を追い越すときは、左側を通行します。

問29＝正 交差点の中心から30メートル手前の地点でない点に注意しましょう。

問30＝正 はみ出しをできるだけ少なくして、はみ出すことができます。

問31＝正 二輪車のエンジンを止めて押して歩くときは、歩行者の扱いになりますので、歩道や路側帯を通行することができます。

問32＝誤 この標識は、「学校、幼稚園、保育所などあり」を表す警戒《けいかい》標識です。

問33＝誤 必ずしも一時停止か徐行する必要はなく、十分注意して通行します。

問34＝誤 衝撃力《しょうげきりょく》は速度の2乗に比例します。速度が2倍になると4倍に、速度が3倍になると9倍になります。

問35＝誤 道路の曲がり角付近は、見通しがきく・きかないに関係なく、追い越し禁止、徐行すべき場所です。

問36＝正 この路側帯は、歩行者だけが通行できます。

問37＝誤 警音《けいおん》器《き》を鳴らさずに、身体障害者が安全な場所に去ってから進行します。

問38＝正 車が故障《こしょう》した場合であっても駐車になるので、長時間車を止めてはいけません。

問39＝正 停止位置は、信号機の直前ではなく、交差点の直前です。

問40＝誤 パーキング・メーターを作動させて、60分以内の駐車をすることができます。

問41＝誤 左側部分が6メートル以上ある道路では、右側部分へのはみ出し追い越しは禁止されています。

問42＝誤 必ずしも徐行する必要はなく、他の交通に注意して進行することができます。

問43＝正 停止線の標示が見えないときは、この標識の位置で停止します。

問44＝誤 衝撃力は速度の2乗に比例し、重量に比例して大きくなります。

問45＝誤 高速になるほど視《し》野《や》は狭《せま》くなり、近くのものは流れて見えにくくなります。

問46＝正 自転車などの軽車両《けいしゃりょう》も、車に含まれます。

問47

(1)＝正 バスのかげには後続車がいるおそれがあるので、よく確かめます。

(2)＝誤 バスのうしろには、車がいないとは限りません。

(3)＝誤 バスは、自分の車が右折するのを待ってくれるとは限りません。

問48

(1)＝誤 このままの速度で進行すると、対向車と衝突《しょうとつ》するおそれがあります。

(2)＝正 対向車の動きに注意して、速度を落とします。

(3)＝誤 警音《けいおん》器《き》はみだりに鳴らさず、速度を落として進行します。

難問編

第2回 実力テスト

●制限時間30分
45点以上合格
●問47・48各2点
その他1点

次の問題のうち、正しいものには「正」の枠の中を、誤っているものは「誤」の枠の中を、塗りつぶしなさい。なお、イラスト問題は、(1)～(3)のすべてが正解した場合にかぎり得点になります。

正 誤 **問1** 原動《げんどう》機《き》付《つき》自《じ》転車《てんしゃ》が交差点を右折するときは、交差点によっては軽《けい》車両《しゃりょう》と同じ方法で右折しなければならない交差点もある。

正 誤 **問2** 交差点で赤色の点滅信号に対面したときは、他の交通に注意して進行することができる。

正 誤 **問3** 原動機付自転車を運転するときは、強制《きょうせい》保険か任意《にんい》保険のどちらか一方に加入しなければならない。

正 誤 **問4** 左右の見通しのよい踏切《ふみきり》でも、信号機がないときは、その直前で一時停止をして、安全を確認しなければならない。

正 誤 **問5** 車が路面電車を追い越すときは、原則として、その右側を通行しなければならない。

正 誤 **問6** 信号機のない踏切であっても、遠方まで見通しがきき、列車が来ないことが明らかなときは、一時停止しないで進行できる。

正 誤 **問7** 1図の標識をつけた車に対しては、危険防止のためやむを得ない場合を除き、幅寄せや直前への割り込みをしてはならない。

1図

正 誤 **問8** 乗客の乗り降りのため停車中の路面電車に追いついた場合でも、安全地帯があるときは、徐行《じょこう》して進行できる。

正 誤 **問9** 後車輪が右へ横滑《よこすべ》りをしたときは、ハンドルを右へ切って、車の向きを立て直すとよい。

正 誤 **問10** 進行している道路に2図の標識があるときは、交差点で交差方向から進行してくる車に優先して通行できる。

2図

正 誤 **問11** 警察署長の許可を受けて歩行者用道路を通行するときは、歩行者がいてもいなくても、必ず徐行しなければならない。

正 誤 **問12** 交差点で右折するときは、交差点の中心から30メートル手前の地点で合図しなければならない。

正 誤 **問13** 3図の標識は、「危険物の格納《かくのう》庫《こ》があるので車は通行禁止」の意味を表している。

3図

正 誤 **問14** 停留所で停車している路線バスが発進の合図をしたときは、後方の車は急いで路線バスの右側を通過する。

正 誤 **問15** 内輪《ないりん》差《さ》とは、車が曲がるとき前輪が後輪より内側を通ることをいう。

正 誤 **問16** 「停止距離」とは、運転者がブレーキペダルを踏み、ブレーキが効《き》き始めてから停止するまでの距離をいう。

正 誤 **問17** 原動機付自転車は、4図の標識のある場所には、駐車することができない。

4図

正 誤 **問18** 荷物の積みおろしのための5分以内の停止は、停車である。

正 誤 **問19** トンネル内は暗くて危険なので、どんな場合でも追い越しが禁止されている。

正 誤 **問20** 歩行者のそばを通るときは、必ず徐行しなければならない。

正 誤 **問21** 原動機付自転車や小型特殊自動車、軽車両は、路線バス等専用通行帯を通行することができる。

正 誤 **問22** 5図の標識のある道路では、左側部分の幅が6メートル未満であっても、右側部分にはみ出して追い越しをしてはならない。

5図

正 誤 **問23** 車両通行帯のある道路で前車を追い越すときは、原則として、直《ちょっ》近《きん》の右側の通行帯を通行しなければならない。

正 誤 **問24** 道路に面した車庫などに入るため歩道や路側帯《ろそくたい》を横断するときは、歩道や路側帯の直前で必ず一時停止しなければならない。

正 誤 **問25** 6図の標示のある場所を通過した原動機付自転車は、速度を30キロメートル毎時まで出して走行することができる。

6図

正 誤 **問26** 横断歩道に近づいたとき、横断する歩行者が明らかにいない場合は、減速しないでそのままの速度で進行してもよい。

正 誤 **問27** 信号機が表示する信号と交通巡視員《じゅんしいん》の手信号とが異なるときは、信号機の表示する信号に従わなければならない。

正 誤 **問28** 荷待ちのために車を止めても、運転者がただちに運転できる状態にあるときは、停車である。

正 誤 **問29** 7図の標示は、前方に優先道路があることを表している。

7図

正 誤 **問30** 短い距離で車を止めるには、ブレーキを力いっぱい強くかけて、車輪の回転を完全に止めたほうがよい。

正 誤 **問31** こう配《ばい》の急な下り坂を通行するときは、エンジンブレーキを主《しゅ》とし、前後輪のブレーキは補助的に使用する。

正 誤 **問32** 8図の標識は、「前方に障害物あり、左か右に避《さ》けよ」の意味を表している。

8図

正 誤 **問33** 原動機付自転車でカーブを曲がるときは、車体を傾《かたむ》けると転倒《てんとう》したり横滑《よこすべ》りしやすいので、できるだけ車体を傾けないでハンドルを切るほうが安全である。

□正 □誤 **問34** 9図の標識が道路の左端に立てられている場合は、「駐車禁止」を表している。

□正 □誤 **問35** 道路の中央に黄色の線が引かれていても、右側部分にはみ出さなければ追い越しをしてもよい。

□正 □誤 **問36** 事故を起こさない自信があれば、運転中に携帯電話を使用してもよい。

□正 □誤 **問37** 10図の標示は、「前方に安全地帯または路上障害物があるので、左右どちらかに避けよ」という意味を表している。

□正 □誤 **問38** 原動機付自転車でも、後部《こうぶ》座席があってヘルメットをかぶれば二人乗りをしてもよい。

□正 □誤 **問39** 近くに交差点のない道路を通行中、後方から緊《きん》急《きゅう》自動車が接近してきたので、徐行してそのまま進行した。

□正 □誤 **問40** 11図の標識のある坂で車を止め、運転者がマンションに荷物を届けて5分以内に戻ってきた。

□正 □誤 **問41** 運転者が右手で右折の合図をするときは、右腕を車体の外に出して水平に伸ばせばよい。

□正 □誤 **問42** 12図の標識は、原動機付自転車が自動車と同じ方法で右折しなければならないことを表したものである。

□正 □誤 **問43** 消防用防火器具の置き場から5メートル以内の場所には、停車はできるが駐車はできない。

□正 □誤 **問44** 曲がり角やカーブでハンドルを切った場合、速度が3倍になると遠心力《えんしんりょく》は6倍になる。

□正 □誤 **問45** 免許証を紛失《ふんしつ》して再交付を受けた場合、その免許証の有効期限は、紛失した免許証の有効期限と同じである。

□正 □誤 **問46** 人を降ろすために停車している車の直前に入って停止しても、割り込み違反にはならない。

9図

10図

11図

12図

問47 30キロメートル毎時で進行しています。どのようなことに注意して運転しますか？

正 誤 **(1)** トラックのかげから歩行者などが横断するかもしれないので、速度を落とし、安全を確かめてから通過する。

正 誤 **(2)** 対向車がいないので、センターラインを越えてそのままの速度でトラックの側方を通過する。

正 誤 **(3)** トラックのかげから歩行者などが横断するかもしれないので、横断歩道の直前で一時停止し、安全を確かめてから通過する。

問48 30キロメートル毎時で進行しています。どのようなことに注意して運転しますか？

正 誤 **(1)** 左前方の歩行者が横断歩道を渡り終えたら、横断する人はいなくなるので、このままの速度で進行する。

正 誤 **(2)** 対向車と自分の車のライトの間に、横断する歩行者がいるかもしれないので、速度を落とし、十分注意して進行する。

正 誤 **(3)** 周囲が暗いので、対向車のライトを直接見て、目を明るさによく慣らしてから進行する。

難問編 第2回 実力テスト

正解とワンポイント解説

問1 ＝正 軽車両《けいしゃりょう》と同じように、二段階の右折方法によって右折しなければならない交差点もあります。

問2 ＝誤 他の交通に注意して進行できるのは黄色の点滅であって、赤色の点滅は一時停止した後でなければ進行できません。

問3 ＝誤 強制《きょうせい》保険に加入しないと運転できません。

問4 ＝正 信号機のない踏切《ふみきり》では、その直前で一時停止をして、安全を確認してからでなければ進行してはいけません。

問5 ＝誤 レールが道路の左《さ》側端《そくたん》に寄って設けられているところを除いて、左側を追い越さなければなりません。

問6 ＝誤 踏切を一時停止しないで進行できるのは、信号機の信号が青色を表示しているときだけです。

問7 ＝正 １図は「身体障害者標識」です。この標識をつけた車は、保護しなければなりません。

問8 ＝正 路面電車の停留所が安全地帯になっているときは、客が乗り降りしていても徐行《じょこう》して進行できます。

問9 ＝正 右へ滑《すべ》ると車は左へ向くので、ハンドルを右へ切って向きを立て直します。

問10＝正 この標識がある道路が「優先道路」ですから、交差道路の交通に優先して進行することができます。

問11＝正 歩行者の有《う》無《む》にかかわらず、必ず徐行しなければなりません。

問12＝誤 交差点の中心からではなく、交差点（手前の側端《そくたん》）から30メートルの地点で合図をしなければなりません。

問13＝誤 火《か》薬《やく》類、爆発物、毒物《どくぶつ》、劇物《げきぶつ》などの危険物を積んでいる車の通行禁止を表す規《き》制《せい》標識です。

問14＝誤 急ブレーキや急ハンドルで避けなければならないときを除いて、路線バスの進行を妨げてはいけません。

問15＝誤 車が曲がるとき、後輪が前輪より内側を通ることをいいます。

問16＝誤 設問の内容は「制動《せいどう》距離」です。停止距離は、制動距離と空走《くうそう》距離（運転者が危険を感じてブレーキを踏み、ブレーキが効《き》き始めるまでに車が走る距離）を合わせた距離です。

問17＝誤 駐車禁止は、補助標識で「大貨等《だいかとう》」(大型貨物、一部の中型貨物、大型特殊自動車）と限定されていますから、他の車は駐車できます。

問18＝正 5分以内の荷物の積みおろしは停車に該当《がいとう》し、5分を超えると駐車になります。

問19＝誤 車両通行帯のあるトンネルでは、追い越しをすることができます。

問20＝誤 歩行者との間に安全な間隔《かんかく》をあけるか、徐行するかの2つの方法があります。

問21＝正 原動機付自転車や小型特殊自動車、軽車両の通行帯は左側端《さそくたん》ですから、路線バス等専用通行帯を通行することができます。

問22＝正 5図は、「追越しのための右側部分はみ出し通行禁止」の標識です。

問23＝正 例外は次の場合です。他の車が右折するため、道路の中央（一方通行の道路では右端）に寄って通行しているときや、路面電車を追い越そうとするときは、その左側を通行しなければなりません。

問24＝正 いつ歩行者が通行してきても妨げないように、一時停止した後でなければ横断することはできません。

問25＝正 6図の標示は「速度規制20キロメートル毎時を解除する」という意味を表します。

問26＝正 歩行者が明らかにいない場合は減速する必要はなく、そのままの速度で進行できます。

問27＝誤 交通巡視員《じゅんしいん》の手信号に従って通行しなければなりません。

問28＝誤 荷待ちは継続《けいぞく》的な（待つ目的の）停止ですから、駐車になります。

問29＝誤 前方に横断歩道または自転車横断帯があることを表しています。

問30＝誤 車輪の回転を止めると、かえってタイヤが路面を滑走《かっそう》して制動距離は長くなります。

問31＝正 こう配《ばい》の急な下り坂で前後輪ブレーキをひんぱんに使用すると、ブレーキが効《き》かなくなることがあります。

問32＝誤　8図は、「指定方向外進行禁止」を表し、矢印の方向以外へ進行することを禁止しています。

問33＝誤　カーブを曲がるときは、ハンドルを切るのではなく、車体を自然に傾《かたむ》けるようにします。

問34＝誤　駐車ができる「駐車場」、または「駐車可」を表す指示標識です。

問35＝正　黄色の中央線は、右側部分にはみ出して追い越しをすることを禁止しています。

問36＝誤　状況《じょうきょう》判断力が低下して危険なので、運転中は携帯電話を使用してはいけません。

問37＝正　「片側に避けよ」という意味の標示もあります。

問38＝誤　原動機付自転車では、絶対に二人乗りをしてはいけません。

問39＝誤　道路の左側に寄って進路を譲ればよく、徐行の義務はありません。

問40＝誤　こう配の急な坂は、法定の駐停車禁止の場所です。

問41＝正　右折の合図を右手で行うときは、右腕を車体外に出して水平に伸ばします。

問42＝正　二段階右折を禁止しているので、自動車と同じ方法で右折します。

問43＝正　駐車禁止場所なので、停車はできますが駐車はできません。

問44＝誤　遠心力《えんしんりょく》は速度の2乗に比例しますから、速度が3倍になると遠心力は9倍になります。

問45＝正　紛失《ふんしつ》した免許証と同じ有効期限の免許証が交付されます。

問46＝正　法令の規定や警察官の命令、危険防止以外で停止や徐行している車の直前に入って停止しても、割り込み違反にはなりません。

問47

(1)＝誤　横断歩道があるので、直前で一時停止しなければなりません。

(2)＝誤　歩行者などが横断するおそれがあります。

(3)＝正　横断歩道の直前で一時停止して安全を確かめます。

問48

(1)＝誤　蒸発《じょうはつ》現象により、横断する歩行者が見えないおそれがあります。

(2)＝正　速度を落とし、十分注意して進行します。

(3)＝誤　ライトを直視《ちょくし》すると目がげん惑《わく》され、かえって見えにくくなります。

難問編 第3回 実力テスト

●制限時間30分
45点以上合格
●問47・48各2点
その他1点

次の問題のうち、正しいものには「正」の枠の中を、誤っているものは「誤」の枠の中を、塗りつぶしなさい。なお、イラスト問題は、(1)～(3)のすべてが正解した場合にかぎり得点になります。

正 誤 **問1** 原動《げんどう》機《き》付《つき》自《じ》転車《てんしゃ》は、路線バス等専用通行帯をいつでも通行することができる。

正 誤 **問2** 信号機は青色の灯《とう》火《か》を表示していたが、交差点の中央で警察官が両腕を横に水平に上げており、それに対面したので停止線の直前で停止した。

正 誤 **問3** 車庫に入るため、右折しようとして道路の中央に寄っている自動車を追い越すときは、その左側を通行することができる。

正 誤 **問4** 原動機付自転車でリヤカーをけん引《いん》して踏切《ふみきり》を通行中、故障《こしょう》して動かせなくなったので、整備工場に連絡した。

正 誤 **問5** 前の車が原動機付自転車を追い越そうとしているときは、その車を追い越すことができる。

正 誤 **問6** 1図の標識のある道路では、5分以内の荷物の積みおろしのための停止も禁止されている。

正 誤 **問7** 「車両横断禁止」の標識のある道路では、道路の左側に面した建物の構内に入るための左横断も禁止されている。

正 誤 **問8** 駐車禁止の場所で、運転者が原動機付自転車に乗ったまま、3分間友人が来るのを待った。

正 誤 **問9** 2図の標示のある道路では、矢印のように進路変更することができる。

正 誤 **問10** 子どもが急病になったので、原動機付自転車の荷台に子どもを乗せて病院に運んだ。

1図

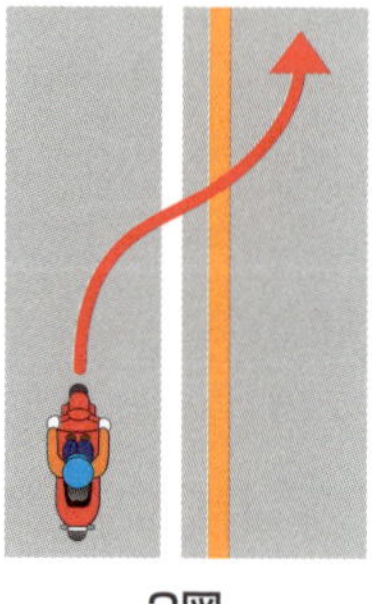
2図

問11 3図の標識は、「原動機付自転車は矢印以外の方向へは進行することができない」という意味を表している。

3図

問12 大気汚染《おせん》により、光化学スモッグが発生したときや発生するおそれのあるときは、原動機付自転車の運転を控えたほうがよい。

問13 4図の標示板のある交差点では、信号が赤色や黄色であっても、歩行者や他の車に注意して左折することができる。

4図

問14 道路に駐車する場合は、原則として車の右側の道路上に3.5メートル以上の余地をとらなければならない。

問15 原動機付自転車がリヤカーをけん引《いん》するときの法定最高速度は、25キロメートル毎時である。

問16 交通整理の行われていない道幅がほぼ同じの交差点に、左右から同時に車がさしかかったときは、右方の車は左方《さほう》の車に優先して進むことができる（優先道路を通行している場合を除く）。

問17 5図の標識は、原動機付自転車の専用通行帯を表している。

5図

問18 赤色の灯火の信号に対面した車は、停止位置で一時停止した後に進行することができる。

問19 運転中、大地震にあったときは、そのまま運転を続け、なるべく早く遠くへ避難《ひなん》したほうがよい。

問20 運転免許は、第一種免許、第二種免許、仮《かり》免許の3つに区分されている。

問21 6図の標識の場所に近づいた場合、横断歩行者や自転車がいるかいないかわからないときは、その直前で停止できるような速度で進行する。

6図

問22 二輪の原動機付自転車のエンジンをかけたまま、押して歩道上を通行した。

問23 原動機付自転車は、7図の標識のある通行帯は、左折や道路工事などでやむを得ないとき以外は通行することができない。

7図

問24 車を駐車場に入れるため歩道を横断するときは、歩道を通行している歩行者に注意して、徐行しなければならない。

問25 交通整理の行われていない道幅の同じ交差点（優先道路は除く）に入ろうとしたとき、右方から路面電車が接近してきたが、自分が左方なので先に進行した。

問26 原動機付自転車が、上り坂の頂上付近で徐行している原動機付自転車を追い越した。

問27 狭い坂道で待避所《たいひじょ》があるときは、上りの車でもその待避所に入り、下りの車と行き違うようにする。

問28 原動機付自転車は、8図の標識のある交差点では、直進と右折をすることができない。

8図

問29 交差する道路が優先道路であるときやその幅が広いときは、必ず一時停止して交差道路を通行する車などの通行を妨げてはならない。

問30 運転中は、広く見渡すように目を動かすと注意力が集中できないので、できるだけ一点を見つめて運転したほうがよい。

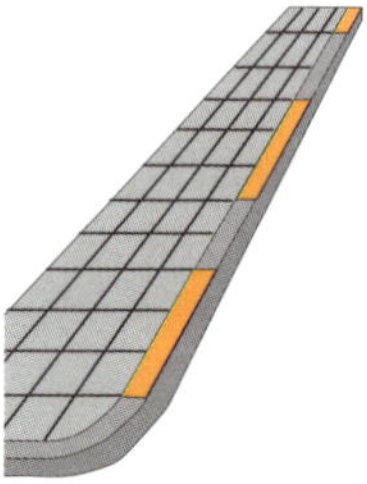

9図

問31 9図の標示のある道路に車を止め、ただちに運転できる状態で4分間荷物の積みおろしを行った。

問32 駐停車禁止の場所では、たとえ危険を防止するためであっても、車を停止させてはならない。

問33 前車が、右腕を右方の車体外に出してひじを垂直に上に曲げたが、これは左折や左に進路変更しようとするときの合図である。

問34 踏切《ふみきり》を通過するときは、歩行者や対向車に注意しながら、できるだけ左端を通行する。

正 誤 **問35** 上り坂の頂上付近やこう配の急な下り坂では、駐車も停車も禁止されているが、こう配の急な上り坂では禁止されていない。

正 誤 **問36** 原動機付自転車は、10図の標識のある道路を通行することができる。

10図

正 誤 **問37** 軌《き》道敷内《どうしきない》は、原則として車の通行が禁止されているが、右左折するときや危険防止のためやむを得ないときは通行することができる。

正 誤 **問38** 踏切警手《けいしゅ》が交通整理をしていてその指示に従うときは、一時停止しないで進行することができる。

正 誤 **問39** 30キロメートル毎時で走行していた車が、速度を15キロメートル毎時に落としたときは、徐行したことになる。

正 誤 **問40** 水たまりを通行してブレーキ装置が水に濡《ぬ》れると、ブレーキの効きはよくなる。

正 誤 **問41** 11図の標識は、積んだ荷物も含めて地上3.3メートルを超える車は通行してはならない意味を表している。

11図

正 誤 **問42** 原動機付自転車は、交通整理の行われていない交差点（優先道路は除く）で、左方の狭い道路から交差点に入ろうとしている大型自動車があっても、それに優先して進行することができる。

正 誤 **問43** 12図の標示に近づいたとき、横断する歩行者が見えなかったので、そのままの速度で進行した。

12図

正 誤 **問44** 交差点や交差点付近以外の道路を通行中、後方から緊急自動車が接近してきたときは、道路の左側に寄り、一時停止して進路を譲らなければならない。

正 誤 **問45** 追い越し禁止の場所でも、自転車なら追い越してもよい。

正 誤 **問46** エンジンブレーキは、ギアをニュートラルに入れると効《き》かなくなる。

問47 10キロメートル毎時で進行しています。交差点を左折するときは、どのようなことに注意して運転しますか？

正 誤 **(1)** 歩道のかげにいるもう１人の歩行者が横断するかもしれないので、後続車に注意しながら、横断歩道の手前で停止して様子を見る。

正 誤 **(2)** 前の車は、歩道のかげにいるもう１人の歩行者に気づいて急停止するかもしれないので、車間距離をあけて進行する。

正 誤 **(3)** 前の車は歩行者が渡り終えてすぐに左折すると思うので、前車に続いてそのまま左折する。

問48 30キロメートル毎時で進行しています。交差点を通過するときは、どのようなことに注意して運転しますか？

正 誤 **(1)** 自分の車は優先道路を走っていて、他の車は止まってくれるはずなので、このままの速度で進行する。

正 誤 **(2)** 左側の車は自分の車の接近に気づかずに交差点を通過するかもしれないので、後続車にも注意しながらアクセルをゆるめて進行する。

正 誤 **(3)** 対向車が止まらずに右折を始めるかもしれないので、後続車にも注意しながらアクセルをゆるめて進行する。

難問編 第3回 実力テスト

正解とワンポイント解説

問1 ＝正 原動機付自転車《げんどうきつきじてんしゃ》、小型特殊自動車、軽車両《けいしゃりょう》は、いつでも路線バス等専用通行帯を通行することができます。

問2 ＝正 信号機が青色でも、腕を横に水平に上げた警察官に対面したときは、赤信号ですから、停止線の直前で停止しなければいけません。

問3 ＝正 前車が右折するため道路の中央に寄って進行しているときは、その左側を追い越すことができます。

問4 ＝誤 まず、踏切《ふみきり》支障報知装置を作動させるか発炎筒《はつえんとう》をたくなどして、一刻も早く列車の運転士などに知らせなければなりません。

問5 ＝正 前車が原動機付自転車を追い越そうとしているときは、二重追い越しにはなりません。

問6 ＝誤 1図の標識は「駐車禁止」を表します。5分以内の荷物の積みおろしのための停止は「停車」になりますので、止められます。

問7 ＝誤 「車両横断禁止」の標識は、右折後の右横断を禁止しているので、左折後の左横断は禁止されていません。

問8 ＝誤 人待ちの停止は、短時間でも継続《けいぞく》的な停止であり駐車になりますから、駐車禁止の場所では止めることができません。

問9 ＝正 黄色の線が引かれている側からの進路変更は禁止されています。

問10＝誤 原動機付自転車の乗車定員は運転者の1人だけです。

問11＝誤 3図は「原動機付自転車の右折方法（二段階）」を表す規制《きせい》標識です。原動機付自転車は、この標識のある交差点では、2車線以下でも二段階右折をしなければなりません。

問12＝正 大気汚染《おせん》を減少させるために、自動車や原動機付自転車の運転を控えましょう。

問13＝正 4図は「左折可」の標示板ですから、赤色や黄色の信号であっても、歩行者や他の車に注意して左折することができます。

問14＝正 負傷者を救護《きゅうご》する場合や荷物の積みおろしのためすぐ移動できる場合を除き、3.5メートル以上の余地をあけなければなりません。

問15＝正 原動機付自転車の法定最高速度は30キロメートル毎時ですが、リヤカーなどをけん引《いん》するときは25キロメートル毎時です。

問16＝誤 運転席から見て、左方《さほう》に見える車が優先です。

問17＝誤 自転車以外の車は通行することができません。

問18＝誤 停止したまま、青信号に変わるのを待たなければなりません。一時停止した後に進行できるのは「赤色の点滅信号」です。

問19＝誤 大地震が起こったときは、車を左側に寄せて止め、エンジンキーはつけたままにして退避《たいひ》します。

問20＝正 このうち原動機付自転車は、第一種免許に含まれます。

問21＝正 横断歩行者などが明らかにいない場合は、そのままの速度で通行できます。

問22＝誤 二輪車のエンジンを止めて押して歩くときは、歩行者に含まれます。

問23＝誤 原動機付自転車は、路線バス等優先通行帯をいつでも通行できます。

問24＝誤 車が歩道を横断するときは、その直前で必ず一時停止しなければなりません。

問25＝誤 優先道路でない道幅の同じくらいの道路の交差点に、異なる方向から車と路面電車が入るときは、路面電車が優先します。

問26＝誤 上り坂の頂上付近は、法定の追い越し禁止場所です。

問27＝正 上りの車が待避所《たいひじょ》に近いときは、上りの車でもそこに入って待ち、対向車と行き違うようにします。

問28＝誤 この標識があるときは、右折小回りをしなければなりません。

問29＝誤 必ずしも一時停止する必要はなく、徐行するなどして通行を妨げないようにします。

問30＝誤 一点を注視《ちゅうし》しないで、必要に応じて絶えず目を動かし、全体的にまんべんなく注意を払うようにします。

問31＝正 運転者がただちに運転できる5分以内の荷物の積みおろしのための停止は「停車」になります。9図は「駐車禁止」の標示ですから、停車はできます。

問32＝誤 危険防止や法令の規定、警察官の命令のときは、駐停車禁止の場所でも停止することができます。

問33＝正 左腕を水平に伸ばす合図も同じ意味です。

問34＝誤 踏切《ふみきり》から落輪《らくりん》しないように、やや中央寄りを通行します。

問35＝誤 こう配の急な坂では、上りも下りも駐停車が禁止されています。

問36＝誤 10図は「車両通行止め」の標識ですから、通行できるのは歩行者と路面電車だけです。

問37＝正 設問のような場合は、通行することができます。

問38＝誤 信号機の青信号に従うとき以外は一時停止して、自分の目と耳で前後左右の安全を確認した後に進行します。

問39＝誤 徐行とは、おおむね10キロメートル毎時以下の速度をいいます。

問40＝誤 水がライニングやドラムなど、ブレーキ装置の摩擦《まさつ》をなくしますから、ブレーキが効かなくなります。

問41＝正 地上3.3メートルまでの車が通行できるという意味です。

問42＝正 広い道路を通行している車は、左方の狭い道路から進行してくる車があっても、それに優先して進行することができます。

問43＝正 横断歩道の標示があっても、横断する歩行者がないことが明らかなときは、そのまま進行できます。

問44＝誤 必ずしも一時停止する必要はなく、道路の左側に寄って進路を譲ります。

問45＝正 自転車などの軽車両《けいしゃりょう》は、追い越すことができます。

問46＝正 ギアをニュートラルに入れると、車輪への抵抗《ていこう》がなくなり、エンジンブレーキが効かなくなります。

問47

(1)＝正 もう１人の歩行者が横断するおそれがあるので、停止して様子を見ます。

(2)＝正 前車に接近すると追突《ついとつ》するおそれがあるので、車間距離をあけます。

(3)＝誤 前車は、すぐに左折するとは限りません。

問48

(1)＝誤 こちらが優先道路でも、他の車は止まってくれるとは限りません。

(2)＝正 後続車に追突されないよう注意しながらアクセルをゆるめます。

(3)＝正 対向車が急に右折するおそれがあるので、アクセルをゆるめます。

受験ガイド

受験資格がない人

①年齢が満16歳に達していない人。
②免許を取り消された、または拒否された日から起算して、指定された期間を経過していない人。
③免許を保留されている人。
④免許の効力が停止、または仮停止されている人。
※身体的能力、または知的能力については、適性試験で判断されます。

受験に必要なもの

①住民票の写し１通（小型特殊免許を持っている人はその免許証）
本籍地の記載のあるもの。

②本人確認書類（はじめて運転免許証を取得する人）
健康保険証、パスポートなどの本人を確認できる書類の提示が必要です。

③写真１枚
6か月以内に撮影したもの。サイズは縦3センチ×横2.4センチで、無帽、正面、上三分身、無背景のもの。

④運転免許申請書
試験場の窓口に用意されています。試験場にある記入例を見て、作成しましょう。

⑤受験手数料
受験料、原付講習料、免許証交付手数料がかかります。金額は受験する都道府県警察のホームページなどで確認しましょう。
※印鑑が必要な場合もあるので、念のため持っていきましょう。

試験内容①適性試験

①視力検査

両眼で0.5以上あれば合格。片方の目が見えない人でも、片眼の視力が0.5以上で、視《し》野《や》が150度以上あれば合格。メガネやコンタクトレンズの使用も認められています。

②色彩《しきさい》識別能力検査

赤・黄・青色が見分けられれば合格。

③聴力検査

10メートル離れた位置で90デシベルの音が聞こえれば合格。しかし、実際には検査員とのやりとりで判断されます。補聴器の使用も認められています。

④運動能力検査

手足、首など、検査員の指示どおりに動かせれば合格。義手や義足の使用も認められています。

試験内容②学科試験

①文章問題とイラスト問題がある

原付免許の学科試験は、文章問題46題とイラスト問題２題の合計48題出題されます。制限時間は30分で、時間内に問題を解き、正誤をマークシートの解答用紙に記入します。

②50点中45点以上で合格

文章問題は１問１点、イラスト問題は１問につき３題の設問があり、すべて正解して２点となります。そして、50点満点中、45点以上の得点で合格になります。

※なお、合格後に原付講習があります（原付講習を受講してから学科試験となる都道府県もあるので、事前に確認してください）。

全国運転免許試験場

2008年7月現在

＊免許の種類によっては、試験を行っていないところもあります。
＊試験場の所在地、電話番号は、変わる場合があります。

北海道

札幌運転免許試験場
札幌市手稲区曙5条4-1-1
TEL 011-683-5770

旭川運転免許試験場
旭川市近文町17丁目2699-5
TEL 0166-51-2489

釧路運転免許試験場
釧路市大楽毛北1-15-8
TEL 0154-57-5913

北見運転免許試験場
北見市大正141-1
TEL 0157-36-7700

函館運転免許試験場
函館市石川町149-23
TEL 0138-46-2007

帯広運転免許試験場
帯広市西19条北2丁目1
TEL 0155-33-2470

青森県

運転免許センター
青森市大字三内字丸山198-4
TEL 017-782-0081

岩手県

自動車運転免許試験場
盛岡市玉山区下田字仲平183
TEL 019-683-1251

宮城県

運転免許センター
仙台市泉区市名坂字高倉65
TEL 022-373-3601

秋田県

運転免許センター
秋田市新屋南浜町12-1
TEL 018-863-1111

山形県

総合交通安全センター
天童市大字高擶1300
TEL 023-655-2150

福島県

運転免許センター
福島市町庭坂字大原1-1
TEL 024-591-4372

郡山運転免許センター
郡山市大槻町字美女池上14-6
TEL 024-961-2100

茨城県

運転免許センター
東茨城郡茨城町長岡3783-3
TEL 029-293-8811

栃木県

運転免許センター
鹿沼市下石川681
TEL 0289-76-0110

群馬県

総合交通センター
前橋市元総社町80-4
TEL 027-253-9300

埼玉県

運転免許センター
鴻巣市鴻巣405-4
TEL 048-543-2001

千葉県

運転免許センター
千葉市美浜区浜田2-1
TEL 043-274-2000

流山運転免許センター
流山市前ケ崎217
TEL 04-7147-2000

東京都

府中運転免許試験場
府中市多磨町3-1-1
TEL 042-362-3591

鮫洲運転免許試験場
品川区東大井1-12-5
TEL 03-3474-1374

神奈川県

運転免許試験場
横浜市旭区中尾2-3-1
TEL 045-365-3111

山梨県

総合交通センター
南アルプス市下高砂825
TEL 055-285-0533

長野県

東北信交通安全センター
長野市川中島町原704-2
TEL 026-292-2345

中南信交通安全センター
塩尻市大字宗賀字桔ヶ原73-116
TEL 0263-53-6611

新潟県

運転免許センター
北蒲原郡聖籠町東港7-1-1
TEL 025-256-1212

運転免許センター長岡支所
長岡市上前島町字上野7-1
TEL 0258-22-1050

運転免許センター上越支所
上越市柿崎区直海浜1174-3
TEL 025-536-3688

富山県

運転教育センター
富山市高島62-1
TEL 076-441-2211

石川県

運転免許センター
金沢市東蚊爪町2-1
TEL 076-238-5901

福井県

嶺北運転者教育センター
坂井市春江町針原58-10
TEL 0776-51-2820

嶺南運転者教育センター
三方上中郡若狭町倉見1-51
TEL 0770-45-2121

岐阜県

運転免許試験岐阜試験場
岐阜市三田洞東1-22
TEL 058-237-3376

運転免許試験多治見試験場
多治見市美坂町4-6
TEL 0572-23-3437

運転免許試験高山試験場
高山市松之木町1257-4
TEL 0577-33-3430

静岡県

中部運転免許センター(本部)
静岡市葵区与一6-16-1
TEL 054-272-2221

東部運転免許センター(沼津)
沼津市足高字尾上241-10
TEL 055-921-2000

西部運転免許センター(浜松)
浜松市浜北区小松3220
TEL 053-587-2000

愛知県

運転免許試験場
名古屋市天白区平針南3-605
TEL 052-801-3211

三重県

運転免許センター
津市大字垂水2566
TEL 059-229-1212

滋賀県

運転免許センター
守山市木浜町2294
TEL 077-585-1255

京都府

運転免許試験場
京都市伏見区羽束師古川町647
TEL 075-631-5181

大阪府

門真運転免許試験場
門真市一番町23-16
TEL 06-6908-9121

光明池運転免許試験場
和泉市伏屋町5-13-1
TEL 0725-56-1881

兵庫県

明石運転免許試験場
明石市荷山町1649-2
TEL 078-912-1628

奈良県

運転免許センター
橿原市葛本町120-3
TEL 0744-25-5224

和歌山県

交通センター
和歌山市西1
TEL 073-473-0110

田辺運転免許センター
田辺市上の山1-2-5
TEL 0739-22-6700

鳥取県

中部地区運転免許センター
東伯郡大栄町由良町1300
TEL 0858-37-4111

島根県

運転免許センター
松江市打出町250-1
TEL 0852-36-7400

西部運転免許センター
浜田市竹迫町2385-3
TEL 0855-23-7900

岡山県

運転免許センター
岡山市御津中山444-3
TEL 0867-24-2200

広島県

運転免許センター
広島市佐伯区石内南3-1-1
TEL 082-228-0110

運転免許福山試験場
福山市津之郷町58-2
TEL 084-952-5445

運転免許三次試験場
三次市畠敷町1800-11
TEL 0824-64-0110

山口県

総合交通センター
山口市小郡下郷3560-2
TEL 083-973-2900

徳島県

運転免許試験場
徳島市大原町余慶1-1
TEL 088-662-0561

香川県

運転免許センター
高松市郷東町587-138
TEL 087-833-0110

愛媛県

運転免許センター
松山市勝岡町1163-7
TEL 089-934-0110

高知県

運転免許センター
吾川郡伊野町枝川200
TEL 088-893-1221

福岡県

福岡自動車運転免許試験場
福岡市南区花畑4-7-1
TEL 092-565-5109

北九州自動車運転免許試験場
北九州市小倉南区日の出町2-4-1
TEL 093-961-4804

筑豊自動車運転免許試験場
飯塚市仁保23-21
TEL 0948-82-0160

筑後自動車運転免許試験場
筑後市大字久富1135-2
TEL 0942-53-5208

佐賀県

運転免許センター
佐賀市久保泉町大字川久保2269
TEL 0952-98-2220

長崎県

運転免許試験場
大村市古賀島町533-5
TEL 0957-53-2128

熊本県

運転免許センター
菊池郡菊陽町大字辛川2655
TEL 096-233-0116

大分県

運転免許センター
大分市松岡6687
TEL 097-536-2131

宮崎県

運転免許センター
宮崎市阿波岐原町4276-5
TEL 0985-31-0110

鹿児島県

運転免許試験場
姶良郡姶良町東餅田3937
TEL 0995-65-2295

沖縄県

運転免許課
那覇市西3-7-1
TEL 098-868-3401

■監　修　　長 信一
■イラスト　風間康志
　　　　　　中川佳昭
■編集協力・DTP　㈱文研ユニオン（間瀬・大澤）

超カンタン！ 原付免許１回で取れちゃう

2012年１月11日　発行

編　者　自動車教習研究会

発行者　佐藤龍夫

発行所　株式会社　大泉書店

住所・〒162-0805　東京都新宿区矢来町27

電話・(03)3260-4001(代)　／FAX・(03)3260-4074

振替・00140-7-1742

印刷所・ラン印刷社／製本所・明光社

落丁・乱丁本は小社にてお取り替えします。

本書の内容についてのご質問は、ハガキまたはFAXでお願いします。

URL　http://www.oizumishoten.co.jp

ISBN978-4-278-06173-4　C2065

B13